中國園林博物館學刊

U0224398

Journal of the Museum of
Chinese Gardens and
Landscape Architecture

中国园林博物馆　主编

中国建材工业出版社

05

《中国园林博物馆学刊》
编辑委员会

名誉主编	孟兆祯
主　编	张亚红　刘耀忠
副主编	黄亦工　赖娜娜　陈进勇
顾问编委 (按姓氏笔画排序)	
	白日新　朱钧珍　李　蕾　张如兰　张树林
	陈蓁蓁　耿刘同　曹南燕　崔学谙
编　委 (按姓氏笔画排序)	
	白　旭　刘明星　谷　媛　张宝鑫
	赵丹苹　祖　谦　陶　涛　薛津玲
封面题字	孟兆祯
封底治印	王　跃
主办单位	中国园林博物馆
编辑单位	园林艺术研究中心《中国园林博物馆学刊》编辑部
编辑部主任	陈进勇
编辑部副主任	张宝鑫
编　辑	邢　兰　吕　洁　张　满
地　址	北京市丰台区射击场路 15 号
投稿信箱	ylbwgxk@126.com
联系电话	010-83733172

目 录

生态园林与城市建设
——程绪珂先生访谈

程绪珂：著名园林专家，教授级高级工程师，首任上海市园林管理局局长、上海市绿化委员会副主任、上海市建委科技委员会名誉顾问。毕生致力于园林绿化、生态园林研究，荣获建设部科技进步奖二等奖和三等奖、全国绿化奖章等奖项。

采访者：程先生，您毕生从事园林事业，是不是受到您父亲的影响？

程绪珂：是的。我的父亲程世抚认为，绿地建设是综合性的科学，必须依靠城市规划、建筑、农业、林业和生态学等各学科共同完成，绿地空间应由蔬菜、果树、家禽、牲畜等共同构成。城市建筑的面积要限制，不能无限地发展。他还讲，城市、乡村和自然之间保持生态平衡，是当前迫切需要解决的问题。他对植物很重视，说树木的生长需要时间，不能立刻见效，必须保留现有的树木。花园里面的树木是宝贵的财富，不能砍树，也不能毁园造房子。他曾经提到，地球是个美丽的蓝色行星，包含着各种有益于生命的成分，如肥沃的土地、新鲜的空气、充足的水源和大量的自然资源。从生态观念看，人本来就是生态系统链的一个环节。然而现在由于采矿和生态破坏等，空气被污染了，海洋也成了垃圾场，不少动植物濒临灭绝，地球上原有既复杂又平衡的生态环境也被破坏了，地球的运行受到影响，甚至于整个人类的生存也受到威胁。

我父亲主张城市规划在先，提出发展园林的观点。他喜欢大环境的概念，曾经在上海都市计划委员会和同济大学等有关大学一起做上海的绿地系统规划。他有一个观点，即整个带状树木，就像人的循环系统，可以应用到居民区、绿化带，可以扩大到公园，也可以变成休养区。就是不要把绿化做死了，不要大面积地去做大公园、建大的风景区。另外，也不要限制体育运动进入绿化，要根据人民的需要和能力，甚至也可以把运动的设施当成一个系统放在绿地里面。这样的话，园林的、农业的、森林的、水利的各种设施，统统都可以容纳在绿地系统里面。他的思想比较开放。

我不是学园林的，我是学农业、园艺。过去我们上海的园林底子很差，向全国学习，就是说把人家的智慧引入我们的思想。我认为园林必须与科学技术、经济建设结合起来，外部的经济也要学。上海是海纳百川，不排斥外来文化的，但是核心的问题是中国文化，以中国文化为主，洋为中用，古为今用，于古为新，既要尊古，又要创新，坚持走绿化事业为人民服务的道路。土地是绿化的载体，中国可耕土地很少，能源也很紧张，怎样在有限的土地上创造出更大的价值值得我们关注。植物既有经济价值，又有景观价值，更有生态价值。人也是一种自然物，植物、动物、微生物以及所有有生命的物质，都不能单独地存在，一定要通过自然界进化过程产生分工与合作，共同维持联合体的存在，促进生物体的健康与繁荣。所以说，人类没有什么理由把自己看成可以征服和统治自然的主宰者。

绿地系统的制定，必须贯彻一个整体的自然观。绿化建设必须树立资源观，自然资源是大自然经历几十亿年的演化而成的，绿色资源不但是绿色产品，也提供了生态功能。地球上所有的资源都必须科学管理，禁止破坏。

玉米本来是草本植物，可是在墨西哥发现了木本的玉米。我曾经想能不能把我们的草本植物通过基因工程变为木本的油料、木本的粮食、木本的能源植物、木本的抗各种灾害的植物。如果草本的植物都变成木本，当我们有自然灾害的时候，就会有木本的粮食，有木本的油料，有木本的适应各种需要的植物，那多好！所以我觉得我们搞园林的不能局限在园林的观赏价值，其经济价值是很重要的。

采访者： 那请您谈谈生态园林如何与城市进行有机结合？

程绪珂： 我们国家提出生态园林的时候，是在我离休之后。在跟各地学会联系过程中，我感觉我们的园林跟不上当时的形势，因此要和各个学会的专家共同商量今后园林的方向。我离休前，工作忙，没有时间总结经验，跟这些学会在一起交流以后，增加了与其他学会的交叉，也得到很多的启发。园林一定要和经济建设及各个方面联系在一起，以扩大我们的事业，这是一个方面。另外，现在的污染这么严重，人民的健康受到损害，那么，我们怎么为人民健康做一些事情？于是，我们考虑园林一定要选择一批有益于人民健康的树种。我们曾经查阅了李时珍的《本草纲目》，也读了卫生部出版的关于植物方面的资料，列出了一个上海能种的、对人民身体有好处的植物名录。

我们课题组跟华东师范大学、复旦大学一起做研究，不断发展，若不跟这些学校联系在一起，你怎么知道课题如何操作？做课题就需要多跑几个地方，我们这个团队除了西藏、四川部分地区没有去，中国全部都跑过，包括台湾地区都跑了好几次，并不是闭门造车。有了这些材料，我们觉得能把园林变为综合性的东西。

中国的文化在生态文明里面占有很重要的地位。中国的传统文化也要了解。我们团队到华东师范大学听课，听《易经》和《周易》，了解中国传统文化，所以我们的生态园林就有了个五行园。

搞园林的人就是要综合性地学习。生态园林在国际上是英国先提出的。生态园林在国内不是我提的，最先是在学会的一个全国性会议上提的，我觉得提出"生态园林"这个概念非常好，我们团队就学习最新的生态，怎么建生态园林，并有了这么一个框架。过去的园林讲好看，就是要好看，有观赏价值。现在呢？我们的园林不再只用于观赏，它的范围广了，视野大了，不仅有观赏型的生态园林，还有环保型、保健型等。其中，生产型园林最大的效益是生产。将来有灾荒了，就可以解决灾荒。现在资源缺乏，就要有能源植物。

美丽中国不只是说好看，美丽中国包含植物、山水等。园林要讲生态化、要讲生产化，它的价值就不一样了。过去单一的标准，就是是否有观赏价值，现在不一样了。国家需要什么，园林就要去适应，说到底，就是为人类、为国家，我们在深圳就规划了一片保健型的生态园林。在上海，有生产型、观赏型、保健型、环保型、知识型和文化环境型等各种类型的园林，好几个区都拿到国家奖，不是空谈，我们的生态园林文集里都有实例。

采访者： 党中央提出的美丽中国的概念，和您一直研究的生态园林、生态城市之间的契合点在哪里？

程绪珂： 美丽中国建设，它的含义是很广的。园林建设是反映社会生活、满足人民精神需要的意识形态，是应用科学，是自然科学，也是旅游科学、城市规划科学、生态科学、生态文明科学等。它包含这么多的学科，是在精神、物质审美相互作用的状态下创造性的活动。园林是一种精神文化的创造行为，是意识形态和生产形态有机结合。所以风景园林是空间艺术，分为听觉艺术、视觉艺术，可以称为综合的艺术，也能调节、改善、丰富和发展人的精神价值。

第三次工业革命阶段把每一幢楼房转变为住房和微型发电厂，建筑业和房地产业与再生能源联合，为楼房供电。生物能源是新兴的绿色能源结构当中最后一个领域，它包含了油料植物、园林、林业的废弃物以及城市其他垃圾。世界生物能源委员会指出，到2050年，世界生物能源将能够完全满足全球对能源的需要，这就是第三次工业革命提出来的目标。在应用生物燃料这个领域，很有发展前途的是将城市里面的废弃物转变为服务于人类的资源的技术。绿色能源拥有巨大的发展潜力，包括太阳能、风能、水能、地热以及生态生物能源。

要把生物空间、工作空间、娱乐空间同我们所说的生物圈其他部分融合在一起，在生物圈里种粮食、种水果、种蔬菜、种各类绿化植物，可以提高生物圈的动力，而且可以成为旅游景点。我们绿色的屋顶或绿色的墙体，在所有建筑上都可以栽培植物，可以减少雨水的流失，在夏天可以调节温度，减弱热岛效应；在冬天可以积蓄热量，增加生物的多样性，从根本上改变人们的生活和工作。所以，第三次工业革命引入人类新经济的模式，将描绘出一幅创造可持续发展的蓝图。

习近平总书记提出，要给自然留下更多修复空间，给农业留下更多的良田，给子孙留下天蓝、地绿、水净的美丽花园。党的十八大报告首先提出建设美丽中国，把生态文明渗入经济、社会发展各方面，与生态建设关系极为密切的园林行业迎来了难得的机遇。如何在城市园林绿化建设当中尊重自然、顺应自然、保护自然，这就需要以更为科学的理念和措施建设宜居环境、城市绿化、园林城市、生态园林城市，向建设美丽中国迈进。中国风景园林建设也在向要素多元化、结构网络化、功能生态合理化的方向发展。这是追求绿色、智能、可持续发展的第四次技术革命。

中国园林教育的肇始及西方园林研究

——郦芷若先生访谈

郦芷若： 北京林业大学教授，曾任北京林学院园林系主任。清华大学与北京大学农学院合办"造园组"专业的首届毕业生，与其学生朱建宁合著了《西方园林》一书，成为园林教科用书中的经典之一。

采访者： 郦先生，您作为中国高校首批园林专业的学生，请您简要介绍一下当年的学习情况。

郦芷若： 我是1949年夏考上大学的，当时报考的是北京大学农学院园艺（简称北大农学院）。我记得新生报到是在沙滩的北大红楼（校本部），入住在北大沙滩的"灰楼"（女生宿舍）。但是，我们很快就被告知北大农学院与清华农学院、华北大学农学院合并成立"北京农业大学"。过去北大一年级、二年级农学院的学生是在校本部与生物系及医学院的同学一起上基础课和部分专业基础课，由于院系合并，我们新入学的学生随即迁到北大农学院所在地罗道庄去了，那里也是原京师大学堂的旧址。

当时园艺系设有果树、蔬菜、农产品加工三个教研组，学生并没有分专业，没有设任何有关园林方面的课程，更谈不上园林专业了。1951年春，在北京都市计划委员会的会议上提出了城市建设对造园人才的需求，参会的清华大学梁思成先生、吴良镛先生与农大的汪菊渊先生经过共同商量，认为很有必要培养一批既有生物学基础又有建筑方面知识的符合城市园林建设需要的综合性人才。经过他们的努力与各方面交流沟通，并经上级批准，最终由两校合办成立了中国有史以来的第一个造园专业，并于1951年夏从农大园艺系二年级学生中（已学完二年级课程）自愿报名。经汪先生面试选出了10人去清华建筑系学习，约半年后有两人退出返回农大。因此，第一届的造园组学生共有8人，4男4女，直至毕业。我有幸成为其中一员。

在农大的两年中，我们学了"园艺概论""植物学""植物生理""有机、无机化学"（还参加了约半年之久的

农耕学习）等基础课及部分专业基础课。在清华的后两年中，不仅要学习建筑系一、二年级学生的素描、水彩、制图等课程，更重要的是学习园林方面的专业课，如城市规划、绿地系统规划、园林建筑设计、园林设计、园林工程等。总之，一系列园林规划设计从基础、专业基础到专业课都要从头学起，并且在两年内学完。此外，有一些园林植物方面的课程也需要补充，如观赏树木、花卉、病虫害防治、森林学等。这么多门课，我现在想起来都觉得不可思议，由此可见当时老师对我们的殷切期望。这也使我们由衷地产生学习的巨大动力，有一种时不我待的精神压力。

汪先生和吴先生不仅亲自为我们授课，还精心为我们安排所有课程，邀请各方面专家为我们讲课。我们最初上素描课的老师是李宗津先生，他曾创作著名的大幅油画《地道战》。教水彩的是华宜玉先生，华先生是原北平艺专毕业的，华先生循循善诱、温文尔雅，其音容笑貌至今仍历历在目。她曾带领我们在颐和园玉带桥写生，大家当时都很高兴。我记得玉带桥旁有一株大桑树，结的白桑椹正值成熟期，尝起来十分甜美。后来更加有名的吴冠中先生也教过我们水彩。由此可见当时清华建筑系的师资水平之高，尤其在美术组更为出众。此后，张守恒在香港地区还参观过吴冠中先生办的画展，很难想象我们曾经师承于这样一位大家。

刘致平先生是梁思成先生创办营造学社时期的主要成员之一。他对园林很有兴趣，曾同我们一道去苏州，为我们讲解苏州园林。他也常常到教室来看我们的设计图，说出他的意见。有一次，他在看我画的鸟瞰图时，饶有兴致地为我的画添了几笔，形成一片桃花林。十分

可惜我没有保存下这张作业，真的非常遗憾。

有些课程对我们来说是比较困难的，例如园林工程是土木系的老师任课，而他们过去讲的课是给排水、暖通、土方工程等。为了适应园林学生的需要，必须重新安排课程内容。同样是道路、桥梁，但需要按照园林中路、桥、挖池堆山的土方计算、驳岸处理等要求来授课，费了任课老师很多心血。

此外，汪先生邀请了园林局的李嘉乐先生为我们讲授园林管理，还邀请科学院的专家给我们讲植物分类学。印象颇深的是讲森林学的郝景盛先生。郝先生获得过3个博士学位。据说，他以前讲课时，不仅室内座无虚席，连窗外都站满了听众，而这次面对我们18名学生（我们班8人，下一班10人），似乎有点失望。

我们的第一个园林设计题是清华园的"荒岛"。记得当时我们的鸟瞰图布置在教室外走廊的墙上，吴先生陪苏联专家来看图，杨秋华老师当翻译，我们都很紧张，我只记得苏联专家拿出笔来，把我图中的一座水边的亭子移到山坡上去了。若干年后，我们同学聚会，刘绍宗说，吴先生评价他设计的"荒岛还是荒岛"，大家哄堂大笑。

总之，我们这一班8个学生，老师远远不止8个，可能16个都不止，而且他们费尽心血，竭尽全力地把知识和经验传授给我们，所以我们都感到很幸运。我能够选择到这样一个专业，现在想起来既感到非常幸运，也发自内心地感激老师们。

采访者：您毕业后就留校执教，见证了园林专业的坎坷发展，请您谈谈自己的感受。

郦芷若：新中国成立初期，国家很困难，但是感觉到需要一些园林建设人才，所以办了这个专业，这说明我们国家开始把园林建设提到日程上来了。这是新中国成立以后园林界很重要的一件事情。三年自然灾害的时候，园林事业几乎趋于停顿，随着国民经济的好转，园林教育又进入正轨。当时，全国新建了许多园林专业，但是到"文革"时期一切又停顿了，"文革"以后，我们又开始重新恢复。我觉得它的起起伏伏完全和国家命运紧密相关。改革开放以来，人民的生活日益提高，园林又提到日程上了，而且显得越来越重要。

1953年我毕业的时候，园林专业的办学从清华大学又回到了北京农大，当时全国正在进行知识分子思想改造运动，建筑系重点批判梁思成先生的好大喜功和大屋顶思想，认为梁先生的办学思想过于庞大，同时也把他的办学思想做了改编。现在想起来，我们上学的时候，在清华建筑系有4个组（专业），一是城市规划，二是建筑学，三是园林，四是工艺美术。这种专业设置贯彻了梁先生的办学思想体系，他曾在宾夕法尼亚大学学习，那个学校是比较偏重建筑艺术方面的，所以当时建筑系

有4个专业。批判梁先生以后，工艺美术专业就调到工艺美术学院去了，我们回到了北京农业大学，清华大学只留下了城市规划和建筑学。

为了让园林专业成为与建筑学和城市规划这两个专业一样的一级学科，我们从事园林工作的老师们做了很多努力，这个愿望最后实现了，现在风景园林属于一级学科。我认为我们上学的时候，梁思成先生的思想就是这个思想，所以他在建筑系里面设了4个专业，4个专业同等重要，这是梁先生的一种指导思想。当然在我们上学的过程中间，具体的安排管理都是由汪先生和吴先生经手办理的。我毕业以后就留校当助教了，那时候8个学生有2个留在农业大学，2个留在清华大学，3人去了北京市园林局，1位去了建设部。因为清华大学后来不再招收园林的学生，而农大继续办这个专业，所以相对来讲整个专业的机构都放在农业大学。一直到1956年，当时是学习苏联的高潮，因为苏联这个专业是放在林业系统的，所以就把我们这个专业又从农业大学转到林学院去了，也就是现在的北京林业大学。

园林专业归到林学院后，正式成立系并于1956年开始招生，规模也随之扩大了。像张树林、黄庆喜他们都是林学院招生的第一届绿化系的学生，一年招两个班就有60人，从这一届以后每一年都差不多要招两个班、三个班甚至是四个班，学生就很多了，跟我们当时不可同日而语，老师也增加了。园林专业到了林学院以后，增加了很多师资。陈俊愉先生是从武汉大学调过来的，孙筱祥先生是从浙江大学调过来的，周家琪先生是从山东农大调来的，教美术的宗维成先生是从沈阳农学院调来的，还有从清华大学调来教建筑的金承藻先生。师资队伍逐步扩大，并覆盖全面，也从此完全脱离了与清华的合作办学。如果从园林规划设计来讲，有关风景园林规划设计体系的老师，除了孙先生、金先生以外，其他老师都是从我们自己培养的学生中挑出来的。我这一班留下了我和张守恒，然后下一班留了梁永基和陈兆玲，下一年留了杨赉丽，再下一年留了孟兆祯先生，所以在这几年里，我们从园林组培养出来的学生逐渐充实到这个师资队伍里面，主要的园林设计方面课程是由这些年轻的老师支撑的。因为在这以前，很少有像孙先生那样在园林设计方面比较全面的人才，所以当时园林设计方面的老师主要是本校毕业的学生。

由于招收的学生变多，林学院里面就成立了园林方面的专业，然后从一个专业变成一个系，但是这个系的名称当时叫作"城市及居住区绿化系"，这个名字是从苏联教材中翻译过来的，大家听起来很别扭、很拗口，大概是一两年之后改为园林系，现在成立了园林学院，下设风景园林、观赏园艺等专业。至于现在园林学院的具体构成，我已经不是很清楚了。

在农大期间我出国了好几年，当时农大施平校长

的雄心壮志是把农大办成苏联季米里亚捷夫农学院那样的高等学府。于是，从各专业选人送去苏联学习，老一辈的去进修，年轻的去读学位，虽然当时园林已有调至林学院的批文，我仍作为园林的一员被列入了去苏联的名单。

1956年夏，通过考试被录取后，我们在俄语学院（现北京外国语大学）留苏预备部学习，学习俄文及哲学（哲学通过可免去在苏联的硕士哲学课程）。我们在1957年的年末分两批乘专列火车由北京至莫斯科，我是第二批，当火车飞驰在贝加尔湖畔时，第一批学生正在莫斯科大学听毛主席的著名讲话（世界是你们的……好像早晨八九点钟的太阳），这是中苏关系最为亲密的时代。但过了三年，中苏关系急速恶化，我们曾于1960年暑假回国参加批判苏联修正主义的学习，1961年夏我回国时，这一状况持续存在，在业务方面，不得不注意低调处理对苏联园林的评价。因为这一领域与纯自然科学仍有不同之处，有的方面苏联的确是先进的，如绿地系统规划、森林公园的设置，一些园林绿地规划法则的制定等。但有些与我们的国情不符，特别是与当年我国的政治经济形势，社会发展水平均不协调而难以被接受。倒是在园林史方面给我的启发更大。十月革命前的沙俄在文化艺术方面受英法等欧洲国家影响极深，园林及建筑方面也一样，如著名的彼得宫就明显有意大利台地园和法国凡尔赛宫苑的烙印，圣彼得堡的巴甫洛夫公园也随着英国自然风景园的兴起而改变着面貌。总之，西方园林史的几个重要发展阶段，在沙俄的园林中都有所体现。

当我五年半后取得了副博士学位回来，已经是1961年的夏天了。在这期间，北京林学院发展是很迅速的，增加了很多师资力量，学生的招生也是成倍地增长，形成了一个全面的系。

总之，从在北京农大和清华开始合作招生，1951年开始我们在大学三年级改了专业以后，这个专业就开始逐渐地发展起来了，到了林学院以后由造园组一个专业变成一个系，当然各方面规模都相继扩大，有很多外地的一些有关的老师都调来了，这个系的规模就比较完整起来，大概就是这样一个简单的过程吧。

采访者： 您执教西方园林史，也完成了《西方园林》的著作，请您谈谈西方园林的特色。

郦芷若： "文革"以后，我开始讲授西方园林史，也讲中国园林史。关于西方园林史，我觉得苏联学习那段时间对我的启发比较大。1984年，我和孟兆祯先生还有园林建筑的金承藻先生、园林植物的陈有民先生组成一个小团出国考察，到英国和法国，原来还想要去意大利，但没有成功。去的时候，我就把我希望看到的古典园林，基本上在我们园林史能讲到的，都列了单子。有些地方从旅游的角度来讲不是很热门，但在园林史里面有重要地位，所以我们都去了，也再一次让我真正地看到园林史发展的地方。虽然出国考察的时间只有两个月，但此行加深了我对园林这门课程的领会。比如到凡尔赛，过去我只从书本上看到凡尔赛，在苏联参观彼得宫时，我发现彼得宫有很多地方是仿照凡尔赛建造的，但是也有很多不同的地方，另外有些苏联现代的东西。彼得宫是受英国、法国影响的作品。当我身临其境地去看凡尔赛时，感触很深。出去考察的时候我就在想，回来的时候要怎样讲给学生听，让他们好像身临其境地感受到它的美。这可能是作为一名教师在心灵上很自然的反应。考察回来以后，我就在课堂上把这些东西介绍给学生们。《西方园林》这本书基本上是根据我的讲稿以及教学里面的材料编写成的。后来朱建宁从法国回来，我们俩一起合作完成了这本书，也算是我贡献给园林专业的一点心愿吧！

关于加强北京历史名园保护发展的思考

张亚红

摘　要：北京的历史名园是中国园林中规模大、等级高、园林要素全、造园技艺高超的杰出代表，在全国乃至世界范围具有突出的价值。北京在推进全国文化中心建设中，历史名园的保护与发展是其重要组成部分，但在保护体系的构建、法律法规的制定等方面相对滞后，存在节假日期间人流量过大的压力。通过对这些问题进行梳理与思考，本文提出了构建北京历史名园保护体系、制定历史名园保护法规、对历史名园进行科学维护和适度利用等建议。

关键词：北京；历史名园；保护发展

中国园林被誉为世界园林之母，其园林艺术源远流长。北京的历史名园是中国园林中规模大、等级高、园林要素全、造园技艺高超的杰出代表，在全国乃至世界范围具有突出的价值。北京在推进全国文化中心建设中，历史名园的保护与发展是其重要组成部分，应予以充分重视。

1　北京历史名园的概况

北京历史名园是指在北京市域范围内，具有突出的历史文化价值，并能体现传统造园技艺的园林。它们曾在一定历史时期或北京某一区域内，对城市变迁或文化艺术发展产生影响。

北京历史名园种类丰富，可分为四类：皇家园林、私家园林、寺观园林和含文物古迹的园林，具体如图1所示。

北京历史名园数量众多，据园林部门专项研究显示，北京市域范围内，园林格局及园林要素至今尚存的历史园林共有一千余处（有历史记载的共计三千余处）。2015年，园林部门按照历史特色与价值、园林艺术文化科学价值、传统格局和风貌保存状况三个指标对北京的历史园林进行评价筛选后（图2），公布了首批25处历史名园。其中皇家园林包括颐和园、北海公园、景山公园、中山公园、劳动人民文化宫（太庙）、故宫宁寿宫花园、故宫御花园、香山公园、圆明园遗址公园、天坛公园、

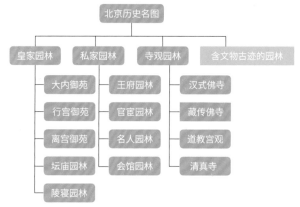

图1　北京历史名园分类

地坛公园、日坛公园、月坛公园；私家园林包括恭王府花园、宋庆龄故居（醇亲王府花园）、郭沫若纪念馆（乐达仁宅园）、淑春园；含文物古迹的园林包括北京动物园、北京植物园、八大处公园、莲花池公园、什刹海公园、陶然亭公园、玉渊潭公园、紫竹院公园。

北京历史园林分布呈现的特点：皇家园林和私家园林主要分布在老城及三山五园地区；寺观园林在城区内外均有大量留存；含文物古迹的园林多为1949年后建设，因东城、西城、海淀3个区文物古迹遗存丰富，因此依托文物古迹而建设的公园数量相对较多。

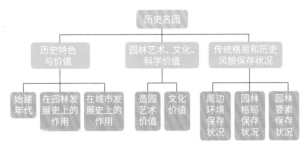

图 2　历史名园评价指标

2　历史名园保护发展存在的问题

近年来，北京市委、市政府坚决贯彻落实习近平总书记两次视察北京的重要指示精神，在获中央批复的新的城市总体规划框架指导下，加大了对历史文化名城的保护力度，目前正在开展的老城保护、中轴线申遗、三个文化带建设等项目，为北京历史名园的保护与发展带来了前所未有的机遇。天坛、景山、中山、北海等中轴线上公园内的住户进行了搬迁腾退，颐和园、香山等公园周边的环境整治正在推进，历史名园内文物古建的修缮一直以来在文物部门的统筹指导下有序推进等。但就北京各类型众多的历史名园保护与发展而言，还存在一些需要解决的问题。

2.1　保护体系尚未构建

北京的历史名园见证和记载了北京作为城市和都城的发展及变迁。皇家园林、私家园林、寺观园林等数量众多的历史园林在城市中的分布、规模、规制以及各自不同的园林特点，体现了北京这座历史文化名城的特色，它是北京城市的名片，是北京园林的瑰宝。北京历史名园这个群体的保护既不能按照一般公园来对待，也不能仅以文保单位和文物古建保护修缮为重点。历史名园的保护有其特殊性，除保护文物古建外，还应高度重视保护园林山水格局、景观意境、植物、山石、楹联、碑刻等诸多园林要素。对于单个的历史名园，应进行整体性保护，对于城市中的所有历史名园，应进行系统性保护。尽管在老城保护、中轴线申遗、三个文化带建设中都或多或少涉及历史名园，按照区域进行保护有其必要性和重要性，但就园林这一类别，应进行顶层设计，构建一体化保护体系，使北京历史园林的文化基因得以完整传承。

2.2　法规不健全

1982 年，国际古迹遗址理事会通过了一项专门的历史园林保护宪章，即《佛罗伦萨宪章》，它是《威尼斯宪章》的附件。《佛罗伦萨宪章》在讨论历史园林维护、保护、修复、重建方法时，基本遵循《威尼斯宪章》的规定，该宪章已成为国际上共同遵守的历史园林保护准则。目

前，我们国家层面还没有可供遵循的专门针对历史名园保护的法律法规。北京市也尚未制定专门的法规，仅《北京市公园条例》中有部分条款略有涉及。

2.3　因历史原因被占用

由于历史原因，历史名园内大多存在房屋、用地被占用的情况，有些建筑被不当拆除或仅存遗址，这些问题影响了公园的历史风貌以及历史名园的原真性和完整性。有些历史名园的周边还存在街道狭窄拥挤、环境杂乱、缺少符合要求的集散广场和停车场地、区域交通不畅等问题。

2.4　节假日客流压力大

颐和园、天坛等皇家园林，尽管作为世界文化遗产、珍贵的历史遗存，具有稀缺性和不可再生性，但目前还承担着市民休闲、娱乐、健身等综合公园的功能，年均游客量为 1600 万～1700 万人次，特别是重点节假日，大客流集中且持续时间长，对园林文物的保护带来极大挑战。自 20 世纪 80 年代开始，北京市公园年票福利发售，适用范围多为北京市的皇家园林，年票年发售量已近 200 万张，重点节假日及公园大型活动期间，200 万持年票游客加上老年人、残疾人、军人、1.2 米以下儿童等免票群体，是公园大客流管控的难点。一些对公众开放的私家园林，如恭王府花园，由于空间有限，节假日也时常承担大客流压力。

2.5　部分私家园林和寺观园林保护亟待加强

部分私家园林缺乏维护，园内建筑年久失修、石构件风化、木构件歪斜、瓦件破损、彩画脱落的现象较多。部分私家园林分属多家单位，缺乏统一的管理，这对保护工作十分不利。寺观园林多坐落于风景优美的自然环境，随着休闲旅游业的发展，有些寺观园林附近增设了商业服务设施，破坏了自然意境，寺观内擅自加建和改建辅助用房，破坏了原有的园林空间格局。有些位于老城的寺观园林，其保护边界模糊，周边环境与寺庙园林的氛围不协调。

3　加强历史名园保护发展的建议

3.1　构建北京历史名园保护体系

应进一步摸清北京历史园林家底，分类进行梳理，建立历史名园评价标准，将符合标准的历史名园通过登录制度纳入历史名园名录，并以此为基础，制定北京历史名园保护发展体系规划，对北京众多的历史园林实施有效的分类管理、分级保护。

3.2　制定出台历史名园保护法规

研究《威尼斯宪章》《佛罗伦萨宪章》等国际相关的保护宪章，借鉴英国、法国、日本等发达国家在历史

园林保护方面成功的经验，学习苏州等国内城市在历史园林保护立法方面的成功做法，制定专门针对北京历史名园保护的法规，有利于实施最严格的保护措施，形成有法可依、违法必究的硬约束，使得园林要素尚存的历史园林尽早纳入保护体系，得到保全。

3.3 对历史名园进行科学维护

一是恢复历史名园的完整性和原真性。进一步加大力度搬迁腾退被占用的房屋土地，对园林山水格局、空间布局、植物、建筑、水体等进行整体维护。二是对历史名园的修复和重建，应采取慎之又慎的态度。《佛罗伦萨宪章》中强调，在未经详尽的前期研究之下，不得对历史园林进行修复，特别是不得进行重建。在园林已经彻底消失或仅存推测性证据的，重建不能被视作真正的历史名园，但对于缺损毁坏严重的历史名园，可在"尚存的遗迹"和"确凿的文献证据"基础上，进行选择性重建。三是加强历史名园外围环境风貌控制。对历史名园的周边建控地带进行监测，对建筑高度严格把控，尽快消除对有损历史名园整体景观环境的外围景观影响因素。通过对区域交通、公共绿化系统及服务设施协调利用，使历史名园与周边地区实现资源共享、合作共赢。四是设立历史名园保护专项资金，或募集社会资金，建立历史名园保护基金，用于历史名园保护项目，特别是针对濒临消失的历史园林要优先进行抢救性保护。

3.4 对历史名园的利用应当适度

历史名园的保护不是冻结式保存，而是要合理利用，发挥其文化传承的作用，提升城市文化特色与内涵，增强城市的吸引力。因此，历史名园对游人开放，为游人提供观赏和游憩的功能，发挥其作为旅游资源的价值，与历史名园的保护理念并不相悖，但如果使用不当，就有可能破坏历史痕迹，抹掉历史信息，使得历史名园没有可读性，从而失去其可持续性。因此，《佛罗伦萨宪章》对于历史园林的利用做了如下规定：历史名园是一个有助于人群交往、回避喧嚣和了解自然的宁馨之地，其接待量必须限制在其尺度和容量所能承受的范围内，以便其实体构成和文化信息均得以保存。由此可见，历史名园的保护应当实施大客流管控。学习故宫采用的预约限流方式，充分利用大数据、云计算、物联网等高科技手段进行精细、精准管理，将游客量限定在安全容量范围内，从而降低安全风险，缓解游客承载压力，让历史名园的保护和利用两不耽误。

3.5 发挥政府、专业人员及公众三方的合力作用

政府部门"采取适当的法律和行政措施"，制定空间和土地计划以及稳定的财政措施，稳妥地管理好历史名园这一文化遗产。各学科专家，包括历史学家、风景园林师、建筑师、园艺师等作为受公众和政府委托保护历史名园的从业人员，是保护工作最基本的保障。公众是保护的受益者和支持者。《佛罗伦萨宪章》指出，应通过各种活动激发公众对历史园林的兴趣，提高人们对历史园林的了解、欣赏和保护意识，这是历史园林作为遗产一部分的真正价值。

Some Thoughts on the Protection and Development of Beijing Historical Gardens

Zhang Ya-hong

Abstract: The historical garden of Beijing is an outstanding representative of Chinese gardens with large scale, high grade， complete garden elements and superb gardening skills, which has outstanding value in the whole country and even in the world. In the process of development of national culture center, the protection and development of historical parks is an important part of Beijing, but it lags behind in the construction of protection system and the formulation of laws and regulations. Visitors are over-crowded in the historical gardens during the holidays. Through analysis of these problems, establishing protection system of Beijing historical gardens, stipulating concerned regulations, scientific maintenance and proper utilization of these historical gardens are suggested.

Key words： Beijing; historical garden; protection and development

作者简介

张亚红 / 女 / 北京市公园管理中心副主任兼中国园林博物馆馆长

迎接公园城市时代的到来

景长顺

摘　要： 公园城市是将城市融入公园的一种城市形态和城市建设发展理念，它不仅蕴涵园林的自然属性，而且富有公园的人文意义和社会属性，是公园发展的高级阶段和终极目标。中国公园城市理念的提出标志着公园发展进程中一个新时代的到来。

关键词： 公园城市；理念；新时代

1　公园城市的意义

2018 年 2 月，习近平总书记在视察四川省成都天府新区时，首次提出了公园城市的概念。他说，"天府新区一定要规划好、建设好，特别要突出公园城市的特点，把生态价值考虑进去，努力打造新的增长极，建设内陆开放经济新高地。"2018 年 4 月，习近平总书记在参加首都义务植树活动时，重提公园城市，指出"一个城市的预期就是整个城市是一个大公园，老百姓走出来就像走进自己家的花园一样。"习近平总书记的两次关于公园城市的讲话，是城市和园林发展理论的精辟论断，是城市和公园发展进入新时代的标志，是习近平新时代中国特色社会主义思想的有机组成部分，具有里程碑的意义。

公园是具有良好的园林环境、较完善的设施，具有改善环境、美化生活、休憩娱乐等功能的公共场所，是城市的绿肺，是老百姓的共享福利。公园是近现代城市发展的产物，它是从古代园林中脱胎而来的，是伴随城市发展而发展起来的。公园城市是公园发展到一定程度的必然趋势。

伴随着城市的发展，园林也逐步发展起来。中国园林这个名称是从古代的囿、苑、墅、别业等演变来的，它是随着园林的形态变化而变化的。周代的台榭称为囿，秦汉时代是自然的山水宫苑，魏晋时期为楼观台苑，南北朝时期为山居园，唐代称禁园，宋代为宴集式园林，发展到明清时期成为写意式山水园林。无论哪个时代，园林基本上都是为帝王将相、达官贵人所拥有和服务的。至近现代，园林的性质和服务的对象发生了根本的变化，而公园的出现是园林的新特色。

中国的公园自 1877 年由左宗棠修建的酒泉公园始，在近一个半世纪的历程中，经历了城市装置、基础设施、城市形态三个阶段。新中国成立以来，特别是改革开放以来，我国的公园事业得到很大的发展。国家园林城市、森林城市、卫生城市等全国性的城市品质提升创建活动，促进了公园的发展，许多城市的公园数量大规模增加，质量也有很大提升，形成公园体系，人均公园绿地面积占公共绿地面积达到 40% 以上，为公园城市的到来创造了基本的条件。

公园城市是公园发展到一定程度的必然趋势。正如英国哲学家培根所说：文明的起点，开始于城堡的兴起，但高级的文明，必然伴随着优美的园林。早在 19 世纪中叶，奥姆斯特德首次提出建设城市公园体系，他说，"应将公园加以联系，形成一个复合的网络，这就是公园系统的概念"。在奥姆斯特德看来，城市规模的发展，必然导致高层建筑的扩张，最终，城市将会演变成一座大规模的人造墙体。为了在城市规模扩大以后还能有足够的面积使市民在公园中欣赏自然式的风景，奥姆斯特德设计了曼哈顿公园体系和纽约中央公园，纽约中央公园面积达 843 公顷，南北跨越第 5 大道到第 8 大道，东西跨越 59 街到 106 街。巨大的公园规模，成为城市的绿肺和城市公园史上的典范。

1920 年，建筑大师勒·柯布西耶（Le Corbusier）提出，理想中的未来城市应该是"坐落于绿色之中的城市，有秩序疏松的楼座，辅以大量的高速道，建在公园之中"。

1995年，《世界公园大会宣言》指出，"都市在大自然中。21世纪的城市内容，应把更多的公园汇集在一起，创造新的公园化城市……21世纪的公园必须动员社区参与，即动员公众和专业人员共同参与才能实现。"

1933年，《雅典宪章》规定，城市的居住、工作、游憩、交通等四大功能应该协调和平衡。新建居住区要预留出空地建造公园、运动场和儿童游戏场；人口稠密区，清除旧建筑后的地段应作为游憩用地。

1977年，《马丘比丘宪章》规定，"现代建筑不是着眼孤立的建筑，而是追求建成后环境的连续性，即建筑、城市、公园化的统一"。

1958年，毛泽东主席以领袖的高瞻远瞩提出了"大地园林化"的伟大预言。从某种角度上讲，这一口号是毛泽东对中国未来"公园时代"的一种设想。

公园城市，是公园形成网络和规模效应，将城市融入公园体系。这是城市的一种全新发展模式和形态，是社会发展的必然趋势，它不仅是人类建设宜居城市的追求，更是衡量一个城市发展水平的标志。纵观世界各国大都市，均以公园体系来衡量城市的质量和水平。

2　公园城市的特征

公园城市是将城市融入公园的一种城市形态和城市建设发展理念，它不仅蕴涵园林的自然属性，而且富有公园的人文意义和社会属性，是公园发展的高级阶段和终极目标。中国公园城市理念的提出标志着公园发展进程中一个新时代的到来。公园城市的特点如下：

2.1　公园精神成为社会的共同价值观

随着社会的进步，人们的生活质量不断提高，人民对美好生活的向往，对幸福和幸福指数的理解也相应地发生了改变，人们的生活诉求从解决温饱向全面提高生活质量发展。政府决策机关和市民的公园理念基本成熟，人们逐渐清晰地认识到，公园在提高人们生活质量中发挥的作用；公园的发展和建设，不仅是政府关注的重点，也成为社会团体和公众共同关注的焦点。在城市规划中注重确定水系、公园的地位，建设宜居城市；人们在选择居住环境时，更加重视周边是否有公园和绿化配套。不仅如此，越来越多的集体和个人也参与公园的建设，企业参与公园建设、明星认养公共绿地，这些行为反映出"公园城市时代"人们行为的显著特征。北京的星期八公园，就是由企业出资建设的，面积达5.6公顷。

2.2　公园的规模和数量显著提高

拥有一定规模和数量的公园，是城市进入公园城市时代的基本条件，也是衡量该城市是否进入公园时代的标志。人均公园面积和可达距离是衡量公园城市的重要指标。联合国生物圈与环境组织提出，首都城市人均公园面积60 ㎡为最佳环境。美国、德国等提出城市要为居民规划40㎡的公园面积。日本《都市公园法》和《城市公园规划标准》规定城市公园可达距离为0.25～2千米。我国现行城市园林绿化关于公园的1级评价标准是：城市各城区绿地率最低值≥25%，城市各城区人均公园绿地面积最低值≥5.00 ㎡／人，公园绿地服务半径覆盖率≥80%，万人拥有公园指数在城市的发展规划中的占比≥0.07%。公园不仅要有数量的要求，而且要有功能、景观、文化境界的要求。

2.3　第三度生活空间

公园是创造的结晶，是规划者、建造者、管理者共同创造的艺术品，是祖国大好河山的缩影，是爱国教育的良好场所，它所创造的和谐生活空间，奉献给人们的健康系数和幸福指数，是其他事物所无法比拟的。

从空间距离上讲，公园不仅是可遥望和眺望的景观，更是可亲近的、可游、可乐、可交流、可呼吸新鲜空气的绿色福利，进而成为人们生活的第三度空间。从时间上讲，公园是人们日常生存和生活不可或缺的生活必需品；从价值取向上讲，由于公园景观优美、空气新鲜、文化氛围浓厚，人们在公园中休憩娱乐、健体强身、参观游览，将其作为生活的重要组成部分，人们花在公园中活动的时间越来越多，使公园形成人流、气流、景观流的汇聚。公园不仅是人们健身休闲的场所，人们还可以在公园里交流信息，增进感情，增强社会归属感，拓展精神生活的空间。从时代趋势上讲，公园化生活是城市人生活进步的标志和必然趋势，是未来不可抗拒的潮流。特别是随着人们休闲时间的增多和老龄化社会的到来，公园在创建和谐社会的进程中，发挥着重要的作用。据统计，北京市公园一年大约接待2.8亿游客，公园成为人们除居住、工作之外的第三度生活空间已经显现出来。

2.4　带动公园周边经济

一些城市的历史名园和重要公园发展成为地域中心，具有相当强的辐射力和影响力，其良好的环境引来了商机，带动了周边房地产业的快速发展，拉动了房地产增值，为招商引资、发展经济创造了环境条件，同时，公园的建设提供了更多的就业岗位，带动了就业率提升等，对于促进城乡发展、加快城乡一体化、带动经济繁荣起到积极作用。

以北京为例：北京东城区提出"天坛文化圈"的新理念，围绕天坛这座"聚宝盆"做发展经济和提升文化的文章；北京地坛庙会、龙潭湖庙会、大观园庙会、莲花池庙会、八大处公园茶文化节、玉渊潭樱花节、香山红叶节、北京植物园桃花节、朝阳公园风情节等，也都极大地聚集了人气，成为知名的文化活动品牌，创造了良好的经济效益和社会效益，带动了周边相关产业的发展，促进了区域经济的发展。

2.5 公园是城市尊严的象征

公园是城市形象的重要标志，代表了城市的历史和文化，是展示城市发展、城市性格的窗口，是国际交往的舞台。作为城市尊严的象征，北京公园拥有较高的知名度和美誉度，彰显着城市气质和文化底蕴，从而成为举办重大国际、国内活动的场所。天坛、颐和园等是北京的标志，尤其是天坛已经成为北京乃至中国文化的符号，成为北京市民精神世界的象征。第 29 届北京奥运会会徽使天坛祈年殿走向世界，残奥会火炬在祈年殿点燃以及奥运会马拉松赛跑穿越天坛，展现了北京作为文明古都的深厚底蕴；奥林匹克公园的建设，向世人展示了中国的新形象，为全球所瞩目，成为北京的一张新的靓丽名片。

3 公园城市建设展望

随着改革开放的深入，中国经济进入快车道，经济规模不断扩大，为中国部分城市进入公园城市时代提供了坚实的物质基础。在这种形势下，一些城市先后提出建设"公园城市"的目标，比如广东河源市、深圳市成为建设公园城市的先行者。2008 年，深圳市人均 GDP 为 12932 美元，先后建成公园 575 座，全市公园绿地达到 13870 公顷，城市与公园完美地融合在一起。作为国际大都市的北京，2009 年，人均 GDP 达 10000 美元。政府主导建公园，各行各业造公园，人居环境盼公园，建筑空间增公园，历史名园在保护中得以发展，建立了以历史名园为核心的公园体系，目前北京已有一千多个公园，形成了城市坐落于公园体系之中的基本格局，为"公园城市"的建设和发展奠定了良好的基础。但是，就全国范围来看，建设公园城市的路还很长，要办的事还很多。

第一，要整合整个社会力量。建设公园城市不是单独一个部门能够完成的任务。需要列入政府的重要议事日程，成立专门机构，协调土地、规划、园林、林业、水利、环境、文化、教育等力量，共同参与，形成合力，有计划、有步骤地进行理论和实践的探索，朝着既定的目标发力，才有可能实现公园城市的目标。

第二，要制定公园城市规划。确立公园的布局和数量，留足和拓展公园发展的空间，特别要注重城市中心区公园的规划和建设，通过旧城区的改造和产业结构的调整，留白增绿。凡是能够建设公园的地方，建造适合城市发

展和为居民生活提供便利的大、中、小规模不等的各类公园；对一些具有园林性质的寺庙、故居、王府等，逐步改造提升为公园；新建居住区和小区，建设一批有相当规模的社区公园；现有的绿地、林地、隔离带等，逐步实施提升工程，改造成为公园。在城市公园的规划与建设中要考虑大、中、小型公园合理分布和公园路的连接，使其形成互相联系的公园网络，在充分发挥各自功能的基础上，形成整体效应。

第三，建立公园体系。按各种公园绿地的主要功能和内容，住房城乡建设部颁布的《城市绿地分类标准》（CJJ/T 85—2017）将公园绿地分为综合公园（全市性公园、区域性公园）、社区公园（居住区公园、小区游园）、专类公园（儿童公园、动物园、植物园、历史名园、风景名胜公园、游乐公园和其他专类公园）、带状公园和街旁绿地等 5 类。

日本是公园发展比较早的国家，公园数量也比较多，仅东京就有公园一千多个。日本公园分为骨干公园、城市森林、广场公园、特殊公园、大规模公园、国营公园、缓冲绿地、城市绿地和绿地共 9 类。其中骨干公园包括住宅区骨干公园和城市骨干公园。住宅区骨干公园包括街区公园、近邻公园、地区公园。城市骨干公园包括综合公园和运动公园。大规模公园包括广域公园、娱乐公园。

北京市根据首都的性质，在实践中认识到公园应当按照其性质、文化和在城市中的地位分类为宜，分为历史名园、遗址保护公园、文化主题公园、现代城市公园和社区公园等。

历史名园是古都北京的象征。有着三千多年历史的古都北京，拥有着祖先为我们留下的众多古典园林与人文胜迹，其中故宫、长城、十三陵、颐和园、天坛、周口店猿人遗址等，已列入世界遗产名录。这些文化遗存，以其深厚的哲学理念、完美的整体设计、高超的造园艺术，让那些已经流逝的岁月与新世纪的阳光相映成辉。

遗址保护公园续写了北京的历史辉煌。进入 21 世纪，首都城市公园建设，始终注重文化的传承，向着新的目标攀登，建设了一批以古迹保护为内涵的公园，丰富了公园的种类，延伸了古都的历史文化，从一个侧面展示了城市的形象。在北京这块土地上，古与今，历史与现代溶融交汇，像一条涓涓流淌的长河荡涤着人们的心灵。比如金中都公园、元大都遗址公园、明城墙遗址公园、顺城公园、皇城根遗址公园、菖蒲河公园等。特别是圆明园中的残垣断壁、荒草野坡记录着中国一段屈辱的历史，是活生生的爱国教育基地。

现代城市公园是现代城市的标志。多年来政府高度重视公园的建设，先后建设了一批以奥林匹克公园、朝阳公园等为代表的极具规模的现代城市公园。文化主题公园是北京公园的奇葩，它是知识的宝库、学习的课堂、

游憩的天地、欢乐的海洋。如北京大观园、中华文化园、北京国际雕塑公园、世界公园、红领巾公园等。北京的社区公园布满整个城市，像"大珠小珠落玉盘"一样撒落在北京八百多个社区之中。

随着公园事业的发展，公园的种类在不断地丰富，比如湿地公园、地质公园、农业观光公园、花卉公园、听香公园、墓园公园、园博园公园等，是公园城市时代的新气象。特别应当指出的是庭院公园，无论是机关大院，还是大学校园，凡是内部具备公园条件的，都应当纳入公园体系，计入公园面积，供公众享用，成为公园城市的一部分。

第四，提高公园的质量水平。公园不是一般的绿地、绿化，也和林业、农业不同，强调的是具有良好的园林环境。园林环境的根本属性是文化的范畴。这种文化不是一般意义的文化，是境界文化。其核心是美，是将自然因素和社会因素，经过工程和艺术的加工，创造出的适宜于人类休憩的优美的境域。正如习近平总书记指出的那样：老百姓走出来就像走进自己家的花园一样。公园要从规划设计抓起，将规划、建设和管理纳入规范化、艺术化的轨道，既注重园林优秀文化的传承，又赋予其时代的特色，将一座座生机盎然、内涵丰富、如诗如画的公园精品奉献给人民，提高人们的获得感、幸福感。

第五，制定公园法。依法行政，依法管理，是公园和公园行业的基本要求，是建设公园城市的必要条件，也是同国际接轨的重要步骤。目前，我国已有北京、上海、重庆、广州、杭州、成都、南昌、厦门等出台了公园（管理）条例，但是，作为国家层面的公园法规尚未制定出来。这是和我国公园事业的发展态势很不适应的，也是和建设公园城市的要求很不适应的。

从发达国家的经验看，自公园产生以来，各国就相继制定了公园的法规。欧、美、日、韩等国家政府重视公园的发展和建设，在很大程度上是法规的建立和健全。

英国早在1872年就制定了《公园管理法》，1926年对该法进行了修改，其中最突出的是设立公园警察，给予公园管理官员与警察同样的权限。直到今天，英国仍根据该法来管理皇家公园等公园。

在美国，1864年加利福尼亚州成立第一个州立公园，国会承认公园是"改革娱乐场所"。美国国家公园的基本立法是1916年制定的《国家公园基本法》，该法律是美国国家公园立法体系中最为基本的法规，其主要规定美国国家公园的主要职能。之后，美国设立了国家公园局，1924年设立首都公园及规划委员会，负责首都华盛顿的公园体系规划工作。到1928年，美国有26个州设置了州立公园。1936年，颁布《公园、公园道及娱乐地调查法》，诞生了公园道（parkways）。1966年的《联邦补助道路法》规定：道路使用公园或古迹时，要提供适当的代替土地给公园使用。根据联邦法律，一般公园一经成立就要建立相应的管理组织"公园委员会"，这种形式至今仍保留着。从公园管理到公园建设都由法律规定，同时规定每个州都在调查研究的基础上编制公园规划。

1930年，加拿大议会通过《国家公园法》，特别阐明"全部公园奉献给加拿大人民，为加拿大人民的福利、教育服务，并供他们享用，这种公园要加以保护和利用，以便完整无损地留给今后世世代代享用"；"这个责任通过加拿大议会交给加拿大公园局"。

日本的城市公园产生于19世纪。1873年，日本就建立了城市公园行政管理机构，1933年制定了公园规划标准，1956年颁布了《城市公园法》（由国会通过）、《城市公园法施行令》（由内阁会议制定）和《城市公园实施细则》（由建设省制定颁发）。

在韩国，《公园法》于1967年从《城市规划法》中分离出来成为一部独立的法律。《公园法》规定，"所谓公园，是为了保护自然风景地，提高国民的保健、修养及情感生活""依据《城市规划法》，作为城市规划的设施所设置的公园和绿地称为城市公园。"1980年1月4日，为了适应社会需求的变化，韩国将《公园法》分离制定了《城市公园法》和《自然公园法》。《城市公园法》的适用范围是城市规划区域，管理对象是公园、绿地、公共绿地、居住环境绿地等。《自然公园法》的适用范围包括全部国土，主要管理对象是自然公园、绿地、观光风景名胜地等。之后的二十多年，《城市公园法》经过7次修订，2005年3月出台法律第7476号《城市公园法改正法律》，专门成立了城市公园委员会，为了扩充公园，与基础条件良好的私有土地所有者签订合约，将私有地建设为公园绿地，并提供苗木支持等。

发达国家有关公园的法律、法规值得我们在制定中国特色的公园法规时加以借鉴。我国的公园立法可分为《国家公园法》《城市公园法》或《公园城市法》。公园法规应着重解决公园及公园城市的地位、作用、发展、规划、建设、管理和服务等方面的问题，明确政府、社会、公园管理人和公园使用者的义务和权利，促进公园城市的建设和发展。

习近平总书记关于公园城市理念的提出，是习近平新时代中国特色社会主义思想的重要组成部分，是将美丽中国建设、生态文明建设和实现中华民族伟大复兴中国梦的新举措、新高度，是我国公园事业腾飞的新引擎。

Greeting the Arrival of the Era of Park City

Jing Chang-shun

Abstract: Park City is a city form and a concept of urban construction and development，which integrates the city into the park. It not only contains the natural attributes of gardens, but also has the humanistic and social attributes of parks. It is the advanced stage and ultimate goal of park development. The concept of urban park in China marks the arrival of a new era in the development of parks.
Key words: Park City; idea; new era

作者简介
景长顺 / 原北京市公园绿地协会秘书长

合肥园林城市的可持续发展

尤传楷

摘　要： 合肥园林城市的建设先后经历了绿化植树、环城公园建设、园林城市创建、大环境绿化、环巢湖生态园林建设五个阶段，将生态、审美、游憩功能融于城市环境之中，始终遵循可持续发展原则，为创建生态园林城市，实现大地园林化展现出更加广阔的发展空间。

关键词： 风景园林；合肥；园林城市；可持续发展

合肥市作为安徽省省会，自秦建制至今已有 2500 多年的历史，史称"江南之首、中原之喉"。1949 年中华人民共和国成立后，在只有 5 万多人口、5.2 平方千米，城市园林绿化几乎空白的基础上，进入大发展期，尤其改革开放后，突飞猛进，成为国内唯一同时获批"综合性国家科技中心"和"中国制造 2025 试点示范城市"，是全国综合交通枢纽。园林绿化作为城市中唯一有生命的基础设施，伴随着城市建设的步伐最先崛起，合肥市于 20 世纪 80 年代初赢得"绿色之城"的赞誉，90 年代初成为全国首批三个园林城市之一（北京市、合肥市、珠海市）。合肥园林建设之所以取得如此成就，得益于城市建设中始终遵循可持续发展原则，从绿化植树、环城公园建设、园林城市创建、大环境绿化到环巢湖生态园林建设，一步一个台阶，融生态、审美、游憩功能于城市环境之中。在世纪之交，合肥园林经验被收入国家高中地理教科书，成为 21 世纪生态城市发展方向的范例。

1　环城公园是合肥园林城市的靓丽名片

园林绿化与人民的生活密切相关，是推动绿色发展、服务绿色生活、实现城市可持续发展战略的重要生态措施和促进人居环境改善的重要途径，更是落实生态文明建设要求、建设美丽中国的重要抓手。合肥市作为全国首批园林城市之一，园林绿化始终伴随着城市建设的发展，把城市作为一个大园林建设，完全符合习近平总书记提出的公园城市理念，其出发点都是为全体市民提供一个清新、舒适、优美的生活与工作环境。

根据这一指导思想，合肥市紧密依托自身的自然条件，改革开放之初就按照国务院 1982 年批准的"风扇形"开敞式城市总体规划布局，即以老城区为轴心，沿主要干道向东、北、西南方向发展三个工业区的特点和轴心的环带，即在环城林带和护城河水系的基础上，建设敞开式的环城公园（图 1）。

环城公园宛如一条丝带，连接着城市内逍遥津、包河、稻香楼以及杏花村等块状公园与绿地，结合"三国故地、包拯家乡"的历史人文和张辽威震逍遥津的遗迹，建设敞开式的以环带块的公园系统（图 2）。这种敞开式公园布局打破了一般公园被围墙禁锢的常规，很好地发挥了地势起伏、水面开阔、宜于接近的优势，形成如同"一串镶嵌着数颗明珠的翡翠项链"。环城公园曾以其"布局合理、功能齐全、突出植物造景、生态效益显著"的特点，获得国家建设部 1986 年度园林"优秀设计、优质工程"一等奖，并被邀请在当年度召开的全国首届公园工作会议上作大会经验介绍。环城公园抱旧城于怀，融新城之中，通过联结新老城区交通干道两侧的园林式道路，让园林的风貌辐射到整个城区。同时，结合"风扇形"城市总体规划布局，通过建设西郊风景区，发展东南方向沿南淝河至巢湖低洼地带的农田林网和东北角的片林，形成三大片绿色扇翼楔入城市，将巢湖上空湿润的空气通过东南风引入市区，让污浊的城区空气从东北、西北

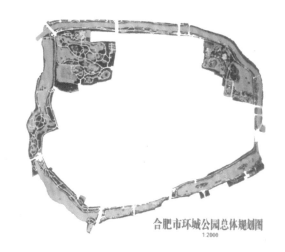

合肥市环城公园总体规划图
1:2000

图1　合肥环城公园

图2　合肥环城公园（局部）

两个方向的风口被驱出，形成市区"清新、舒适、优美"的环境。这种"环状＋楔形"的城市绿地系统，呈现出城园交融和集生态、文化、审美、游憩、防护等多种功能于一体的"园在城中、城在园中、城园相融、园城一体"的城市风貌，走出了一条具有中国特色的园林城市发展之路。因此，环城公园无疑成为合肥园林城市的靓丽名片。

2　城乡一体大环境绿化是园林城市基础

城乡一体和今天建设公园城市一脉相承，这与著名科学家钱学森提出的"未来的中国应该发扬光大祖国传统园林特色与长处规划建设城市，把每座现代化城市都建成一座大园林"的思想完全一致。因此，合肥市在尊重自然、顺应自然、保护自然的理念下，自20世纪90年代初取得国家首批园林城市称号后，紧接着就提出"三年消灭荒山、五年绿化整个城市"的大环境绿化，即森林城市建设。1994年春，上报林业部的"森林城市建设方案"获得及时批复，明确合肥市作为"探索南方森林城市建设途径，以适应改革开放需要，促进南方经济快速发展，原则同意合肥大环境绿化规划（森林城市建设）"。当时提出建设森林城市的根本目的，就是为了缩小城乡差距，促进城乡共同发展。合肥市在规划中明确，城乡绿化建设应以园林绿化为先导，以植树造林为主体，把森林景观引入城市，园林景观辐射到郊县，让森林环抱城市、城市拥抱山林，达到城林相融。具体工作目标为城镇园林化、农田林网化、山岗森林化，尽快提高城乡绿化覆盖率和增加城乡绿化面积，提高园林、林业在国民经济生产总值中的比重。规划中，"城镇园林化、农田林网化、山岗森林化"这一高度概括的提法，被时任国家林业部部长徐有芳充分肯定。当然，这主要是针对合肥而言，从整个国土的角度，还应增加牧场疏林化、湿地自然化、沙漠绿洲化，这样更符合地球除雪山、戈壁之外，在人力所至的各种陆地环境中，人工自然应取之策。今天谈及公园城市，自然回避不了创建森林城市，因为它和创建园林城市来自国家不同部门的要求。森林城市创建活动虽然起步于21世纪初，但合肥是全国最早酝酿的城市之一。世纪之交，根据全国绿化委员会办公室（全绿办［2000］2号）文，"关于做好城乡绿化一体化试点城市规划工作的通知"精神，合肥市曾专门成立"森林城市建设工程指挥部"，时任市长亲任指挥。指挥部办公室牵头组织农林、园林及规划院等部门编制《合肥市城乡绿化规划》，并于当年向全国绿委办汇报，经专家组听取和审定，反馈意见是"该规划总体思路清晰，建设范围划分科学；规划的指导思想和规划原则正确；总体布局合理；规划提出的建设目标明确、切实可行"，并于2001年4月正式批复执行。

2011年，合肥市正式申报创建国家森林城市，并在

2012 年委托中国林科院作了新一轮森林城市建设规划，积极推动城乡绿化一体化，于 2013 年获得国家森林城市称号。尤其在组织机构上，为推动城乡绿化一体化，园林和林业主管部门于 2009 年合并，成立了市林业和园林局。

3 绿色文化提升园林城市的内涵与品位

园林作为人造的第二自然，打造宜居生活与工作环境，是改善城市生态的唯一手段，体现了"生态优先""以人为本""生物多样性"等基本理念，既有科技含量，更是一种空间艺术与时间艺术相结合的艺术品。它由建筑、山水、花木等组合而成，是大自然与人工自然之美的集中表现，造就的是一种体现勃勃生机、令人赏心悦目、富有诗情画意的境界。园林城市的提出，则是当今人们面对工业化进程中的城市生态失衡，结合中国国情提出的城市建设目标。城市园林化、城市自然风景化作为全世界城市发展的趋势，是人类的追求，也是美学的追求，即人自身的和谐、人际关系的和谐、人与自然的和谐。其中，人与自然的和谐无疑是人自身和谐与人际关系和谐的基础，因此园林城市作为城市建设的目标，必然离不开多样统一、多元互补实现三大和谐的绿色哲学思想的指导，让丰富多彩的文化与美学深入渗透到生产、生活的各个方面。因此，合肥市于 20 世纪 90 年代中期，为进一步提高园林城市的文化内涵和再上新台阶，曾广泛吸收了绿色文化与绿色美学的内涵，朝着人与自然和谐的目标，从更高的层次上，着眼大园林建设。合肥市通过弘扬中国传统园林文化的主旋律，更好地吸纳外来多元文化。与此同时，通过尊重与维护生态环境和可持续发展原则，突出生物多样性、重视园林的科技含量与文脉思想，追求人与自然的生态和谐、人与人的人态和谐、人自身的心态和谐，体现多样统一、多元互补的绿色哲学思想，致力于人的自身质量的提高、人际关系质量的提高，将提升园林城市水平与创建"文明城市"紧密结合。在生态环境与文态环境的营造中，努力将合肥打造成可观、可居、可游、更加优美宜人的人居环境，架起"以人为本"的桥梁。把城市作为一个大公园对待，使"园城交融、城园一体"成为城市建设的时尚。同时，通过园林与旅游的结合，园林与居民保健与休闲的结合，让优美的园林城市风貌更好地服务于人的需求。合肥市始终重视精神与文化的作用，通过物质文明建设与精神文明建设一起抓的举措，事半功倍地走出了一条园林城市可持续发展和具有中国特色的赶超世界一流水平的发展之路。

4 环巢湖生态建设展现城园交融新特色

园林绿化不仅是提高城市品位与档次的重要举措，更是与人民群众生活密切相关，推动城市绿色发展和服务绿色生活的重要内容，促进人居环境改善的重要途径，以及落实生态文明建设要求、建设美丽中国的重要抓手。因此，发展园林事业必须立足于以追求人与自然的和谐和提高人类生活质量为目标，与城市发展相协调，才能实现真正意义上的可持续发展。进入 21 世纪，合肥市围绕国务院批复的第二轮《合肥市城市总体规划（1995—2010 年）》，提出的城市空间布局"141"结构，使城市从单一中心发展为多中心。因此，合肥城乡绿化进入了新一轮大发展期，特别是 2005 年下半年开展的"大拆违"活动，要求拆违与绿化无缝对接，对城市现代化建设产生了深远影响。

2011 年，随着国务院批准的区划调整，合肥市新增巢湖和庐江两县，面积从 7776 平方千米扩大到 11433 平方千米；城市从濒临巢湖发展到环抱整个巢湖。因此，禀赋这独特的地域资源、历史人文和特色优势，以及未来的城市形象，在"141"空间格局基础上，又编制了《合肥市空间发展战略规划和环巢湖生态保护及旅游发展规划》，提出新的"1331"城市空间格局。2016 年，经国务院批复的第三轮城市总体规划，使上述规划得到进一步明确。其中，2014 年至 2020 年《合肥市城市绿地系统规划》，明确城市绿地空间结构布局为既能传承"环城公园形成的环状和绿楔嵌入"的经典模式，又能结合合肥市市区不断扩大的用地布局，"环状＋楔形"城市绿地系统依然是合肥主要模式。

今天的环巢湖绿化带实际上已成为一个更大的项链，它串起环湖 12 个特色乡镇和 10 个湿地公园，以及历史人文，客观上将形成合肥新的更大"翡翠项链"。它与老城区"翡翠项链"正好处于合肥母亲河的南淝河上下游，使南淝河景观带凸显出合肥生态与绿地系统的环境特色和"乡愁"的展现。尤其，在合肥西郊正在开挖的江淮运河，将从西部连接起巢湖和北部江淮分水岭上的潜山干渠，在城市东北角与南淝河的源头又能相交，这样占地近千平方千米的现代化合肥大城市，基本上可由这个更大的水系环抱。水系是城市中永远的公共空间，在打造生态网络体系和绿地系统中具有不可替代的作用。水系两岸通过园林绿化，又可以形成一个更大的绿色项链，并可串连起城市中不断建设的更多绿色翡翠，形成更大公园城市骨架的基础。因此，继续营造和弘扬新的"翡翠项链"，可以引领合肥市实现高质量发展，满足市民对美好生活日益增长的需求。这美好的蓝图若在合肥市实现，必定会使"翡翠项链"更加凸显出合肥园林的鲜明特色，实现生态文明、人与自然和谐共生的优美公园城市环境，远远超越美国波士顿的宝石项链而享誉世界。

5 创建生态园林城市，打造最佳城乡环境

当前，合肥市的城市定位为"大湖名城、创新高地"，

职能为世界级城市群副中心，泛长三角西翼中心城市。发展目标是"具有国际竞争力的现代产业基地，具有国际影响力的创新智慧城市，国际知名的大湖生态宜居城市和休闲旅游目的地"。并且从经济发展的角度提出合肥经济圈的大概念，在更大范围内奠定了合肥成为区域性特大城市的基础，为创建生态园林城市，实现大地园林化展现出更加广阔的发展空间。

目前，合肥市为了呼应党中央新要求、安徽省委新部署、城市新目标、群众新期待，加速长三角一体化发展，合肥市又将启动新一轮城市总体规划。规划中坚持"创新＋生态"理念，突出功能先导、生态优先、文化为魂、精明增长（指综合应对"城市蔓延"的发展策略，通过规划紧凑型社区，发展已有基础设施效能，使交通更好地结合土地综合利用），争创生态园林城市，实现可持续发展，将合肥市打造成国家综合性科学中心的核心载体、创新之都的展示窗口、融入 G60 科创走廊的重要空间。

新规划还将通过《合肥市绿地系统规划修编》《合肥市生态网络规划》，构建市域、市区范围内的生态网络体系，留住绿水青山。同时，在滨湖骆岗机场等片区尊重自然，落实好绿线蓝线，突出绿色发展，将变身为城市中央公园和城市绿心、生态绿肺，建成高品位的南北主轴线，更好地传承田园楔入的空间格局，以及与城市双修紧密结合，推出一批示范项目，留住绿水青山。

新一轮城市总体规划的另一特点是聚焦民生，围绕群众美好生活幸福指数的提升。注重规划的公众参与，让社区规划师进入社区，实施一批"城市微更新"项目，打造多元化、人性化、精致化的社区公共绿色空间，补齐公共服务短板，打造 15 分钟公园城市生活圈，提升城市魅力。

习近平总书记在十九大报告中强调：全党要深刻领会新时代中国特色社会主义思想的精神实质和丰富内涵，在生态文明建设中全面准确贯彻落实。合肥新一轮城市总体规划，正是按照这一新时代精神，将整个城市作为一个生态系统进行谋划，凸显生态环境第一要素，引领合肥市实现高质量发展，充分满足市民对美好生活日益增长的需求。而园林作为人造自然，户外环境空间的营造，更可以"源于自然，高于自然""虽由人作，宛自天开"，追求"天人合一"的人与自然和谐共生的理想境界。同时，园林作为建设美丽中国的重要抓手，更不会忘掉初心。继续前进更需要继承与创新。

今天的合肥市已从"环城时代"迈入更具现代内涵的"环湖时代"，只有增强生态网络系统建设，才能凸显"环状＋楔形"绿地系统的优良传统；只有增强园林美学理论深度研究，才能使城市园林具有"源于自然而高于自然"的理论支撑；只有不断提升园林技艺水平，才能不断打造出园林环境的艺术精品工程；只有强化城乡结合的力度，才能使人居环境更舒适清新和富有诗情画意。总之，通过强化生态文明建设，让人与自然更加和谐共生，才利于合肥园林城市可持续发展，为实现中国梦和美丽中国增光添彩。

参考文献

[1] 尤传楷 . 园林城市文化 [M] . 合肥：安徽科学技术出版社，2005.
[2] 尤传楷 . 圆不完的绿色之梦——城乡园林一体化的探索 [M] . 北京：中国建筑工业出版社，2016.

Sustainable Development of Garden City in Hefei

You Chuan-kai

Abstract: The construction of Hefei garden city has gone through several stages, from afforestation and planting trees, the construction of parks around the city, the construction of garden city, the greening of big environment to the construction of ecological garden around Chaohu Lake. It integrates ecological, aesthetic and recreational functions into the urban environment, and always follows the principle of sustainable development. It shows a broader space for the creation of ecological garden city and the realization of landscape gardening.
Key words: Hefei; Garden City; sustainable development

作者简介

尤传楷 / 男 /1945 年生 / 江苏扬州人 / 高级工程师 / 合肥市园林管理局前局长 /《安徽园林》主编

韩国传统园林的研究动向及课题

金相东　李昶勋

摘　要： 根据现有资料和建造案例，分析了韩国传统园林目前的研究动向，提出传统园林的多角度研究在现今社会是国家文化竞争力的体现。希望韩国传统园林不要停留在重现或模仿过去的层面，而是在现代意义层面得到新的阐释，形成韩国的传统文化样式，并传承它的价值。

关键词： 韩国；传统园林；研究动向；传统文化

1　绪论

20 世纪 60 年代韩国开始实行经济开发计划，造景领域因当时得到政府的直接支持，其引入与发展都比较迅速，特别是 1963 年，根据文化财保护法成立了文化财管理局。此外，为了清算日本统治时期的遗留问题及增强民族的自我肯定意识，进行了诸如显忠祠等大规模的文化遗址修缮活动，此时，"造景"这个专业用语在韩国国内出现。通过这个案例，人们认识到造景专业的必要性并发生意识的转换。但大学内造景专业教育开始时，教授是从园艺学及林学为基础的植物领域转科至造景专业，以植物为主的研究人员。因此，从偏向特定领域的出发方式使韩国造景专业中没有包括园林文化与历史知识，日后所形成的特性也与西方的造景专业的特性不一样。

韩国传统园林领域的发展及相关的主要历史事件里不得不提的是 1988 年韩国主办的首尔奥运会。首尔奥运会开启了韩国真正的国际化时代，这一年是韩国政府及民间进行国际交流猛增的转折点。其中，作为宣传韩国及文化交流的一个环节，向世界介绍具有韩国文化特征的传统园林的行动扩散开来。中国则是从 20 世纪后半叶开始，政府为了向世界各国宣传中国的园林文化，积极建设园林。

被称为"K-garden"的新韩流文化的春天开启了韩国传统园林的复兴时期。2015 年，以顺天湾国家园林 1 号

为代表的韩国园林的建设事业非常活跃。然而，在主导东方文化的东北亚国家中，中国与日本的传统园林形态或形象在国际上已广为人知，韩国的传统园林还处于起步阶段。

本研究将考察韩国传统文化的振兴，反映国家经济实力的时代背景中韩国传统园林的相关动向，目的是为日后韩国传统园林同一性及特性形成提供根据，为传统园林形象再研究及应用的转变提供基础。

2　研究方法

为了把握韩国传统园林及其相关的现状及动向，本文以韩国传统造景学会志、韩国造景学会志中登载的论文为主要参考资料，以传统造景企划及设计、传统造景施工及管理、传统造景园林历史等为主要分析对象，通过展示根据政府及地方自治团体推进的政策建成传统园林的案例，分析了传统园林相关领域的前景。另外，为了把握非韩国人对韩国园林认识中所体现出的问题点及改善方向，参考了以韩国传统园林为主题的海外园林建造案例相关的论文资料。

3　研究方向

3.1　韩国传统园林先行研究分析

韩国传统园林相关的研究开始于 1972 年韩国造景学会的成立，1973 年本科及硕士课程开设造景相关专业。

作为造景专业的一个领域，其历史及相关研究的发展时期是一致的。1980年，韩国园林文化研究会创立。1982年，韩国园林学会的设立引发了韩国传统园林的研究热。

本文通过学会发表的论文研究，发现了韩国传统园林领域的发展趋势。1990年后，韩国传统园林研究逐渐增加，2000年研究热达到最高潮，2010年后呈减少趋势。

以传统园林的规划及设计为主题的先行研究，可分为以传统园林的设计理论及设计理念为主的"理论型研究"，以传统园林的设计及规划为主的"规划型研究"和提倡政府与地方自治团体作用的"政策型研究"三种。规划型研究的年度发展趋势从1990年后开始逐渐增加，2000年前后分布广泛。理论型研究从1993年表现出持续增加的趋势，但增加幅度不大。另外，有部分研究传统园林相关的政策及地方自治团体的作用的论文。

传统园林的规划型研究，主要研究设计对象的空间因素，呈现区分园林选址、空间要素、水景要素、树木要素、点景等类型进行的特点。根据以传统园林的规划与设计中园林要素为主题的论文分析结果，可以分为如下几个主题：楼、亭、轩等建筑要素；池塘、"方池圆岛"、活用自然溪流等水景要素；桥、围墙及怪石等点景要素；树木的栽植等植物要素。

在传统园林的施工及保存管理的研究中，相对于复原过去的园林的研究，研究者的重点放在从园林主体出发的施工案例研究。其中，在对韩国以外建成的传统园林的对比研究过程中，研究者通过客观的实体，把握设计师、园林选址、建造方法、建造意图、运营管理等的比较来了解韩国园林存在的问题。此外，研究者通过分析访问非韩国人对韩国园林的感受，为形成韩国传统园林的同一性方面提供了实质性的信息。KIM KYUNGDON（2003）以大阪、横滨、巴黎建造的园林为对象，分析比较了它们的设计原理及形象特性、景观构成要素等传统园林的特性。LEE SEUNGHOON（2005）将韩国园林的传统设计要素的表现分为形态、选址、颜色、模型等，对大阪、开罗、巴黎、柏林、广州的韩国传统园林进行了分析。JEONG ILHWAN（2010）以韩国以外8个国家建造的韩国传统园林为对象，以建成目的及背景、对象选址条件、所得成果为重点进行了分析。另外，有将重心放在现场性上的韩国传统园林案例研究。他们以韩国以外建成的传统园林为中心，分析建造内容及表现方法的现况及存在问题（PAK EUNYOUNG，2013），对11个国家建造的18个韩国传统园林进行分析，分析园林的现况及存在问题。根据韩国以外建成的韩国传统园林认知度分析，在使用方池圆岛及亭屋亭子时，较容易辨别韩国园林。但是如果园林没有水景要素及亭子，而由点景构成时，韩国园林的感受度较低。综合其他韩国以外案例研究结果，方池圆岛、亭子的规模及比例需有一定的设定基准，在传统材质的使用上，溪流里石头的大小选择及配放时

存在景观不和谐的问题。

在传统园林历史研究方面，园林样式、园林景观变迁过程、古文献及古画中呈现的园林的研究、园林营造家研究、园林的空间结构等是主要的课题。其中，在园林主题类别的研究上，按受重视程度排序分别为民间园林、宫殿园林、别墅园林，以寺刹及书院园林为主题的研究稀少。这个领域的研究存在引用2次历史材料而非古文献材料的原文，以及研究深度停留在造景学层面的问题，过于执着于传统这个主题，导致专业界线模糊也是其一大缺点。民间园林中，有关于被认定为国家指定文化财的知名人士故居的空间结果及栽植情况的研究，宫殿园林方面主要包括昌德宫后院及景福宫花坛的相关研究。关于别墅园林的研究主要包括以亭子为中心的园林经营过程。其他主题的园林研究至2000年为止，同样是呈增加趋势，之后整体的研究量虽然有所增加但增速下降。

园林的空间结构研究主要包括园林选址及结构体系、植物的栽培方法、点景配置等方面。按时代区分时，以朝鲜时代为背景的园林是研究的中心，尤其是百济、高丽时代的园林还未有相关研究，由此可知对过去的园林研究不均衡。本文认为这是以后中国学者与朝鲜学者通过教育体系学制间的交流，扩大韩国传统园林研究范围来解决的一个重大课题。

在政府的政策方面，至2000年为止，政府及民间为建造韩国传统园林投入的支援及努力不足。最近韩国国内传统园林发展成为新的文化符号，与政策发展相关的研究也开始慢慢展开。

最具代表性的是文化财厅国立文化财研究所从2007年开始实行对名胜及传统造景研究的分配政策。国家级的传统园林研究开始了历史遗址造景修缮基准的调查、书院造景修缮基准研究、园林复原方面的传统空间构成方法研究、世界异常历史村庄的造景研究等中长期的研究调查，特别是先行研究中未能完成的各对象地的整体调查、图纸编制、航拍以及最近的3D投影等，通过现代技术使园林研究科技化、体系化，为监测提供基础。

3.2 韩国传统园林研究领域的课题

传统园林研究与韩国文化景观的同一性关系很密切。2000年之前，在造景领域持续发展的同时，传统园林的历史研究在量和质上都取得了相当多的成果。实际上在那期间，韩国传统园林的研究者集中于园林的原型及本质的理论解释，及新资料的挖掘研究。这样的现象，虽然有利于理论的积累，但是在韩国传统园林的保存及继承方面存在内容上的限制。由此可知，过去传统园林的研究在范围上具有局限性。造景领域研究历史已有四十余年，但是专业的基本概念或园林历史研究仍然存在较大的争议。另外，为了解决与2000年后新形成的专业领

域的矛盾，快速地将造景领域进行了细分，但是传统园林研究的发展速度比一般园林领域缓慢。在与其他领域的关系整理上，没有提供确保园林文化的同一性及发展的方案，这跟研究人力不足有一定关系。

也就是说，与造景领域的其他细部学科相比，相对较少的专业研究人员、长期性的必要研究时间、考证资料的不足、学制协调研究的困难等是传统园林领域总体的难关。这个难关造成研究者在振兴传统园林研究上没有可依赖的学术性基础，这也是相关领域的传统造景企划、传统造景设计、传统造景施工、传统造景管理的范围缩小的恶性循环的原因。综合来说，韩国传统园林以准确的历史空间的复原、传统空间的保存及继承为出发点的研究是相当狭隘及表面的。

然而，以"传统"为主题的园林的学术基础虽然是片面的，但在包含"传统文化"的意义层面，园林认识普及方面是理想的。所以，非常有必要提倡符合目前园林文化体系的传统园林的研究。

4　结论及建议

本研究为了把握韩国传统园林发展的形势，以韩国传统园林为主题的先行研究为重点，研究了其发展动向，结果如下：

首先，韩国传统园林研究与造景历史领域有着密切的联系。造景历史相关研究活动呈渐进式的量化增加到范围扩大化的趋势。随着造景专业的形成，研究需要增加。韩国内外硕士课程培养出造景历史相关的研究人员，研究人员的活动领域扩大及与教授业绩评价制度挂钩的论文增加等多层原因，使传统园林相关研究范围变宽。但是，传统造景领域的学术性基础薄弱。

其次，韩国传统园林的代表性及固有性方面研究方面，没有时代的选定、造景要素间的协调、树木栽植等相关的专业研究者的研究及引导。笔者认为在解释韩国传统园林时，非常有必要从现代的观点出发。在传统园林的建造技术方面，提供以现实性为基础的基本形态及建造范围的设计方面的研究引导。

再次，目前韩国传统园林的形象偏重于亭子或阁楼、部分的点景等视觉上的物体，存在局限性。另外，这样一成不变的设计在单纯地重现传统园林的过程中缺少普遍性及时代性。所以，韩国传统园林专业要传播推广，首先要考虑传统园林的象征性及功能性所具有的同一性。日后，韩国传统园林需要摆脱文化财复原的方式或建造技术，通过广域的文化的连接，设定能够与现代空间接轨的基准及范围。

最后，以韩国传统园林相关的研究动向为中心的研究发现，目前为确保韩国传统园林的同一性所需要的学术性储备、技术性储备不佳。为扩大传统园林领域的研究领域，导出恰当的研究方法，无疑要确保历史文化空间准确的考证及保存，教育体系学制间的协作研究，以及提出确保园林文化同一性的策略。笔者认识到传统园林的多角度研究在现今社会是国家文化竞争力的体现，希望韩国传统园林不要停留在重现或模仿过去的层面，而是在现代意义层面得到新的阐释，形成韩国的传统文化样式，并传承它的价值。

参考文献

[1] JO SEAHUAN. 韩国园林百书 [R]. 韩国造景发展财团，2008：22-31.

[2] SHIN SANGSEOB. 韩国造景学会发表论文中园林史研究趋势 [J]. 韩国造景学会，2003：146-153.

[3] Hunt.J.D.Greater.Perfection:The Practice of Garden Theory. Philadelphia [J].University of Pennsylvania Press，2000.

[4] YOON SANGJUN，等. 关于日本传统园林普遍化及扩散的历史的考察 [J]. 韩国传统造景学会，2014：167-179.

[5] HONG GUANGPYO，等. 为韩国传统园林国外造营的园林普及的类型提言 [J]. 韩国传统造景学会，2013：106-113.

[6] HONG GUANGPYO，等. 韩国传统园林国外造营现状及问题面貌 [J]. 韩国传统造景学会，2013：106-113.

[7] AN GYEBOK. 园林史的新的接近方法摸索 [J]. 韩国传统造景学会，1993：187-203.

[8] KIM YONGGI. 园林史研究现状 [J]. 韩国造景学会，1991：94-98.

[9] KIM YONGGI, JUNG GIHO. 韩国庭院学会志发表论文趋势分析 [J]. 韩国传统造景学会，2000：1-9.

[10] LIM SEUNGBIN. 造景学研究30年 [M]. 韩国造景学会，2002：23-31.

Research Trends and Topics of Traditional Korean Gardens

Kim Sang-dong   Lee Chang-hun

Abstract: Based on the existing data and construction cases, the current research trend of Korean traditional gardens is analyzed. The multi angle study of traditional gardens is the embodiment of national cultural competitiveness in today's society. It is hoped that Korean traditional gardens will not stop at the level of reproducing or imitating the past, but will be interpreted in the level of modern significance, forming Korean traditional cultural style and inheriting its value.

Key words: Korean; traditional garden; research trend; traditional culture

作者简介

金相东 / 韩国文化财厅国立文化财研究所

李昶勋 / 韩国文化财厅国立文化财研究所

智慧博物馆建设与管理研究探索
——以中国园林博物馆为例

刘耀忠　常少辉

摘　要： 在新的时代，以文化保存与传播为己任的博物馆在新时代的变革中面临自我更新和发展的挑战，信息技术的进步已经成为博物馆发展的重要驱动力，国内外知名博物馆纷纷向智慧博物馆转变。通过分析中国园林博物馆发展现状，探讨了进一步优化建设智慧博物馆的思路、方法、内容和技术路线，在梳理和构建各要素的关系的基础上，推进大数据、物联网、云计算、人工智能、虚拟现实等技术在中国园林博物馆的落地应用，实现人—物—数据的智慧化融合，强化博物馆各项业务和管理的智慧化功能，可达到服务、保护和管理协同发展的目的。

关键词： 智慧博物馆；博物馆；信息化

中国园林博物馆是我国第一座以园林为主题的国家级博物馆、国家 4A 级景区，作为公益性永久文化机构，2013 年起向社会免费开放，采取实名制入馆，以广大市民、中小学生、国内外旅游者、专业工作者为主要服务对象。经过五年坚持不懈的努力和积极探索，各方面工作都取得显著成果，博物馆的影响力与日俱增。在新的时代，以文化保存与传播为己任的博物馆在新时代的变革中面临自我更新和发展的挑战，信息技术的进步已经成为博物馆发展的重要驱动力，国内外知名博物馆纷纷向智慧博物馆转变。2016 年 5 月，中国园林博物馆与清华大学合作编制完成《中国园林博物馆智慧化建设总体规划（2016—2020 年）》并通过专家论证，未来博物馆将打造成为国内外科研人员提供行业交流的会议中心；为国内外来访者提供沉浸式、互动性的园林特色的展示与体系体验；为中小学生及园林爱好者提供集知识性、趣味性、互动性于一体的中国园林传统文化科普教育平台；为国内各类园林相关管理部门及行业组织提供行业标准及展示平台。

1　中国园林博物馆现状分析

1.1　优势分析

1.1.1　地位优势

中国园林博物馆作为我国第一座以园林为主题的国家级博物馆，承载着人类对理想家园的美好愿景和全面展示中国园林悠久的历史、灿烂的文化、多元的功能和辉煌成就的重任。较之一般的博物馆，中国园林博物馆无论是在政府的政策和资金支持及重视程度方面还是在对游客的吸引力方面，都具有较大的地位优势。

1.1.2　特色园林资源优势

中国园林博物馆有中国古代园林厅、中国近现代园林厅、世界名园博览厅、中国造园技艺厅、中国园林文化厅、园林互动体验厅等展厅，更有苏州畅园、扬州片石山房、广州余荫山房、半亩轩榭、染霞山房、塔影别苑等实景园林。这些展厅和特色的实景园林资源，集国内外优秀的园林文化、资源于一体，其独特的园林资源优势，是其他博物馆所不具备的，具有独特性。

1.1.3 园林专业人才优势

中国园林博物馆现有在编人员共 64 人，其中管理人员 28 人、专业技术人员 30 人、工勤技能人员 6 人。在编人员中大部分为本科及以上学历，其所学专业大部分为园林专业。同时对外与故宫博物院、首都博物馆等进行学习交流，对内不断强化对员工的培训，提升员工的职业素养，这些都对未来发展奠定了良好的园林专业人才基础。

1.2 机遇分析

1.2.1 北京旅游业整体发展方向稳定

2017 年北京市旅游业继续保持平稳发展，实现旅游总收入 5469 亿元，增长 8.9%；接待游客总人数 29746 万人次，增长 4.3%；其中，外省市来京旅游人数 17924 万人次，增长 4.7%，北京市民在京游人数 11430 万人次，增长 4%，外省来京旅游和市民在京游两个市场均保持了稳定增长态势。北京旅游业市场发展速度快，网络化、智慧化等趋势使得旅游业焕发新的生机，处于产业生命周期的发展期，发展劲头足，发展潜力大，这对博物馆的建设发展奠定了良好的发展环境。

1.2.2 相关政策文件发布

2015 年 2 月 9 日，我国发布的《博物馆条例》明确提出，鼓励博物馆多渠道筹措资金促进自身发展；鼓励博物馆挖掘藏品内涵，与文化创意、旅游等产业相结合，开发衍生产品，增强博物馆发展能力。《博物馆条例》的发布在一定程度上开拓了园博馆的发展思路，也意味着园博馆在未来可通过多种渠道筹集资金，经营方式可以更加多元化，经营产品可以更加丰富。

2016 年 3 月 8 日，国务院印发《关于进一步加强文物工作的指导意见》（简称《意见》），《意见》强调文物工作要为培育和弘扬社会主义核心价值观服务、为保障人民群众基本文化权益服务、为促进经济社会发展服务、为扩大中华文化影响力服务。

2016 年 12 月 6 日，国家文物局发布了《"互联网＋中华文明"三年行动计划》，提出要用三年时间，推进文物信息资源开放共享、调动文物博物馆单位用活文物资源的积极性。推进文物信息资源开放共享，使互联网的创新成果与中华优秀传统文化的传承、创新与发展深度融合。

2017 年 2 月，国家文物局发布实施国家文物事业发展"十三五"规划，提出全面提升博物馆发展质量，贯彻落实好《博物馆条例》，优化博物馆结构，丰富博物馆藏品，促进博物馆文化创意产品开发，提升博物馆公共服务功能和社会教育水平，建设现代博物馆体系。在文物科技创新应用方面，提出智慧博物馆建设工程，运用物联网、大数据、云计算、移动互联等现代信息技术，研发智慧博物馆技术支撑体系、知识组织和"五觉"虚拟体验技术，建设智慧博物馆云数据中心、公共服务支撑平台和业务管理支撑平台，形成智慧博物馆标准、安全和技术支撑体系。

综上所述，一系列的政策文件发布实施，为博物馆的事业发展提供了良好的政策支撑。

1.3 劣势分析

1.3.1 缺乏成功模板

以园林为主题的博物馆在国内还屈指可数，缺乏学习借鉴的模板，究竟该怎样建设运营一个以园林为主题的博物馆，尚没有成熟的经验。

1.3.2 行业影响力不强

当前中国园林博物馆在国内博物馆业界的知名度还不高，在国内的竞争力还不强，其主要原因包括建馆时间较短、品牌的塑造力度不够等。

1.3.3 服务和管理水平不高

博物馆对于服务的要求比较高，但中国园林博物馆的服务多采用传统的人工服务，其智能化服务较少，服务的方式和内容不够丰富。另外，博物馆工作人员专业素质欠缺，人员流动性大，服务意识和培训水平有待进一步加强，部门和岗位职责、相关制度和业务流程等有待进一步完善和优化。

1.4 挑战分析

1.4.1 北京众多博物馆的冲击

截至 2016 年年底，全国登记注册的博物馆已达到 4873 家，每年举办展览超过 3 万个，举办约 11 万次专题教育活动，参观人数约 9 亿人次。目前，北京地区共有备案登记博物馆 172 座，平均每年新建 4 座到 5 座，北京地区的博物馆无论是从质量还是数量都位于全国前列。更是有故宫博物院、国家博物馆、首都博物馆等著名博物馆，而且这些博物馆大多位于商业区、旅游重点区域等，具有良好的交通优势，中国园林博物馆处于远郊，公共交通、周边停车场等资源不足，这些都对博物馆的建设发展，尤其是对游客的吸引力带来较大的冲击。

1.4.2 园林资源不丰富

目前，中国园林博物馆共有 10 个展厅对园林相关资源进行展示，展示内容上仅仅是国内外优秀园林文化的一角，还不能完全展示博大精深的园林文化，这些都需要中国园林博物馆在未来发展中继续深入挖掘和探索。

1.4.3 市场化运作机制不健全

现阶段中国园林博物馆的运作资金主要靠政府和财政拨款，缺乏一定的市场机制。而故宫博物馆、国家博物馆等都已纷纷探索市场化运作机制。探索适合园林类博物馆的市场机制将是未来摆在中国园林博物馆面前的重要难题。

2　智慧博物馆发展分析

2.1　智慧博物馆的发展

博物馆发展经历了实体博物馆、数字博物馆等阶段，目前正朝着智慧博物馆的方向发展。2014年年底，国家文物局确定秦始皇帝陵博物院、苏州博物馆等六家博物馆为智慧博物馆试点，对智慧博物馆的体系和各要素辩证关系进行了积极探索和尝试，近年来一批初步具备智慧博物馆性质的博物馆相继出现（表1）。

2.2　存在问题分析

在为过去五年取得的成绩欣喜的同时，我们也应清楚认识到智慧博物馆建设的艰巨性和复杂性，目前存在的问题仍然突出，主要表现在以下三个方面：

（1）信息化资源有待进一步深化与加强整合。

（2）重硬件和应用系统建设，轻数据分析和利用。

（3）机制完善滞后于系统建设，深层次问题仍然突出。

2.3　增强认识

在积极推进落实"智慧园博馆"建设的过程中，需增强以下认识：

2.3.1　创新精神

创新是博物馆谋求发展的灵魂，博物馆智慧化建设应该具有创新精神，不断提升民众体验、观众感知、大众服务等体验感与感知深度。理论创新是博物馆创新的基础，技术创新是牵引，管理创新是保障。

2.3.2　高效管理

管理创新就是要培训一支强大的创新型人才队伍、建立完善的创新制度体系、筹措雄厚的科研经费以及创造宽松的技术创新环境。通过智慧博物馆的建设，建立一套行之有效的创新体制机制，能有效地提高管理工作效率，能最大限度地为参观者服务。

2.3.3　极致体验

从博物馆的角度，贴近观众生活，利用新媒体技术优势发现藏品的丰富内涵，以以人为本为原则，以观众的极致体验为目标，拉近博物馆与观众的距离，全方位提升公众服务水平。

2.3.4　平台思维

智慧中国园林博物馆从某种意义上来说是一种交流的平台，是专家学者的交流平台，也是为大众普及园林及相关知识的交互平台，更是民众理解文化强国等政策的有效平台。

3　智慧中国园林博物馆建设对策

中国园林博物馆在建馆之初就非常重视信息化建设，从"现代建筑"的角度出发，建设了综合布线系统等通信设施，相继搭建OA办公系统、官方网站、内部数据资源中心、综合业务平台等系统。

3.1　思路和方法

智慧博物馆建设是一个庞大的系统工程，它不是浮于业务表面简简单单的技术应用，是借助于现代博物馆管理思想和科技手段对现有粗放的管理模式进行脱胎换骨的改造，使之进化为高效而又精细的运营模式和发展环境，从而为公众提供更好的服务，为博物馆业务发展提供重要保障。中国园林博物馆智慧化建设过程中要充分吸取国内外博物馆的经验教训，以打造国家一级博物馆为目标，坚持统筹规划、需求驱动、业务引领，信息化部门全程参与并为系统研发人员与馆业务人员搭起桥梁，共同梳理和构建博物馆"人、物、数据"三者之间的信息交互通道，借助物联网和云计算等技术，实现以"人为中心"的信息传递模式，使藏品与藏品，藏品与展品，藏品/展品与保护，研究者，管理者与策展者、观众与展品等元素之间的联系真正达到智慧化融合。

博物馆发展三个阶段分析　　　　　　　　　　　　　　　　表1

发展阶段	主要特点和问题
实体博物馆	因观念、技术、场地、展陈能力限制，及出于文物保护的考虑，所能展示、提供的文物信息量严重不足，大量的藏品没有机会展出，深藏馆中无人知晓。实体博物馆在时间、空间与展示形式上的内在局限性，制约了博物馆的社会教育和文化传播能力
数字博物馆	突破了时空限制和展陈方式，扩展了展陈内容，但仍存在局限性。长时间陷入技术主导的误区，甚至导致声光电技术在博物馆的滥用，数字博物馆或是简单地把实体博物馆搬到网上，信息十分匮乏。数字博物馆为单向信息传递模式，导致所提供的信息的时效性、真实性、交互性和现场体验感与实体博物馆存在巨大的差异，加剧了博物馆内部各自为政和信息孤岛的形成，对管理、保护和研究工作的系统支持有限
智慧博物馆	智慧博物馆是以数字化为基础的，充分利用物联网、云计算、大数据、移动互联等新技术而构建的以全面透彻的感知、宽带连接的互联、智能融合的应用为特征的博物馆形态。智慧博物馆针对数字博物馆技术主导的误区，坚持需求驱动、业务引领，通过重新梳理和构建博物馆各要素的关联关系而形成合力，加强了博物馆服务、保护和管理工作的高效协同，智慧博物馆提供"物、人、数据"三者之间的双向多元信息交互通道

3.2 内容与技术路线

在中国园林博物馆智慧化建设过程中，要充分实现底层资源的互联互通、协同工作以及资源共享。同时，考虑博物馆今后的发展，系统应当具有良好的增容扩容能力，对于需求变化有良好的适应能力，保证系统的灵活性。

安全是需要考虑的重点，安全要求涵盖的范围超越了传统信息领域中的数据安全范畴，不但包括基础数据，还包括基础设施中的硬件与软件环境以及系统自身运营过程中的安全问题，同时在"智慧园博馆"的规划、设计与实施过程中需要确保系统的安全性。智慧化建设的内容和技术路线主要包括以下六个方面：

3.2.1 信息基础设施建设

通过网络基础设施建设，为具有代表性的园林景观、园林水系、园林山石、园林植物等信息的汇聚提供载体，同时也为各类管理、服务信息的汇聚与分发提供基础。

3.2.2 信息共享服务平台建设

信息共享服务平台可实现博物馆各类业务应用系统元数据管理、底层数据访问、组织与处理以及对底层硬件设备的操作与管理。同时集成博物馆各种业务应用和服务系统，应用统一的业务流程，为博物馆的智慧建设提供基础平台。

3.2.3 服务与展示体系建设

中国园林博物馆作为收集、保护、展示、教育和研究中国园林为主题的文化窗口和国际园林文化交流中心，提供社会满意的服务与展示是其工作重点目标，为此提供智慧门户、智慧导览、世界园林百科、虚拟园林博物馆、园林文创产品在线等全方面的智能的服务与展示。

3.2.4 业务管理体系建设

紧密围绕各部门核心业务，建设智能化、集约化的综合办公系统、园林管理系统、展陈管理系统、设施管理系统、智能会议系统、数字资源中心、辅助决策支撑系统等。

3.2.5 安全应急体系建设

中国园林博物馆安全应急体系应由单纯的安全防范向"安全＋管理"转变，由事后应急处置向事先预防转变，通过综合监控管理中心、访客安全系统、消防安全系统、应急指挥系统、电气火灾报警系统等建设，保障各类主体及整体环境的安全、有序。

3.2.6 保障体系建设

中国园林博物馆智慧化建设周期较长、涉及范围广、服务对象复杂、管理与服务手段多样，因此需要从管理制度、标准规范、人才培养、资金技术、信息安全等多方面协同推进。

4 结语

综上所述，智慧博物馆是博物馆未来的发展方向，通过分析博物馆的优势、劣势、机会和威胁，优化建设智慧博物馆的思路、方法、内容和技术路线，梳理和构建各要素的关系，推进大数据、物联网、云计算、人工智能、虚拟现实等技术在博物馆的落地应用，实现人—物—数据的智慧化融合，强化各项业务和管理的智慧化功能，达到服务、保护和管理协同发展的日的。

参考文献

[1] 党安荣.中国园林博物馆智慧化建设总体规划 [R].清华大学，2015.

[2] 熊丽萍.浅谈如何运用互联网思维推进智慧博物馆建设 [J].魅力中国，2017（29）：44-45.

[3] 秦新华.智慧博物馆建设研究与思考——以山西博物院为例 [J].办公室业务，2015（1）：33-35.

[4] 薛峰，王少华，秦新华等.基于物联网技术的博物馆藏品智能化管理应用研究——以山西博物院藏品智能化管理为例 [J].大科技，2017（5）277-280.

[5] 李峰.智慧博物馆基于物联网和云计算的建设 [J].文物鉴定与鉴赏，2018（9）144-145.

[6] 骆晓红.智慧博物馆的发展路径探析 [J].东南文化，2016（6）：107-112.

A Preliminary Study on the Construction and Management of Intelligent Museum

——Taking the Museum of Chinese Gardens and Landscape Architecture as an example

Liu Yao-zhong Chang Shao-hui

Abstract: In the new era, museums with cultural preservation and communication are facing the challenges of self-renewal and development. The advancement of information technology has become an important driving force for the development of museums. Famous museums at home and abroad have turned to smart museums. By analyzing the development status of the Museum of Chinese Gardens and Landscape Architecture, the paper explores the ideas, methods and technical routes for further optimizing the construction of the "Intelligent Garden Museum". On the basis of combing and constructing the relationship between various elements, it promotes big data, internet of things, cloud computing, and labor. The application of intelligent and virtual reality technologies in the Garden Museum realizes the intelligent integration of human-object-data, strengthens the intelligent functions of various business and management of the museum, and achieves the purpose of synergistic development of service, protection and management.

Key words: intelligent museum; museum; informatization

作者简介

刘耀忠 / 中国园林博物馆北京筹备办公室党委书记 / 教授级高级工程师

常少辉 / 中国园林博物馆北京筹备办公室运行保障部副主任

中国山水文化因子的历史回眸及其在颐和园的表达

黄　鑫　闫宝兴　刘　聪

摘　要：山水文化，是以山水为载体，以人与山水关系为纽带形成的一种独特的文化形态，是中国园林文化的重要组成部分。为了能更好地展现山水文化与中国园林之间的相生相长，本文对山水与文学艺术、自然地理、历史人文等之间的相互联系与交融互进做了深入细致的研究和梳理，并以中国古典园林典范——颐和园为例，围绕园林山水这个中心，运用宏观与微观、考证与分析相结合的方法，阐释了山水园林的特质，并着重剖析了园中所涵盖山水文化的方方面面。最后，对中国园林山水文化价值做了简要的解读。

关键词：中国园林；山水文化；颐和园

所谓山水文化，是以山水为载体，以人与山水的关系为纽带建立的一种独特的文化形态，涉及文学艺术、自然地理、人文景观、园林生态等诸多方面。山水文化的形成与发展既有其内部的演进规律，同时又在很大程度上受到各种外部因素（如社会意识、文化思潮、经济基础、文学发展甚至地理环境等）的影响。山水文化的历程自酝酿、产生、发展直至繁荣，始终离不开人类意识的发动、文学艺术的驱动及社会经济的推动，所经历的过程是内部因素与外部因素共同作用的结果。

1　山水文化的成因

中国山水文化的基因，源自先民对自然的崇拜和由此产生的神话，所谓"山林川谷丘陵，能出云，为风雨，见怪物，皆曰神"，在自然崇拜中，天地山川是早期先民崇拜的核心。从洪荒时代进入奴隶社会、封建社会之后，山与水从原始的自然状态向具有人文意象的文化形态转变，这个过程中，山水文化逐渐形成。

中国山水文化的发展有着得天独厚的优越条件，从人文地理学角度分析，中国背山面海，地缘辽阔，水系错综，既是大陆国家，又是海洋国家，位置十分理想，气候兼有寒、温、热三带，适宜各种生物的生存，形成了优越的山水生态环境，也为孕育山水文化提供了温暖的土壤，例如，黄河流域适合农耕文明发展，孕育催生

了以《诗经》为代表的中原文学；江汉平原山林川泽广布、草木丛生，孕育催生了以《楚辞》为代表的南方文学。

2　中国园林山水文化因子的诞生与走向

2.1　上古神话中山水文化的记忆

《易·说卦》载："润万物者，莫润乎水。终万物始万物者，莫盛乎艮。"上古时期，华夏先民缘山水而居，依山水而生，伴山水而长，世间万物的生长须臾都离不开山与水。洪荒时代，先人对自然山水虽然赖以生存，也对山洪水患束手无策，崇拜与敬畏并存，在这种思想支配之下，关于山水的神话便应运而生，如"大禹治水""精卫填海""愚公移山"等，这些神话作品反映了上古先民将自己的崇拜和幻想赋予了山水神秘的色彩。

2.2　秦汉宫苑、模山范水

先秦时期，儒家孔子借水培养"智者乐水"的君子人格，水之美与士大夫人格间被建立了紧密的联系，《论语·雍也》载："子曰：'智者乐水，仁者乐山'"。以山水"比德"塑造了儒家理想的君子品德。两汉时期，儒学复兴，在董仲舒的推动下，"罢黜百家，独尊儒术"的文化政策使儒学取得了"定于一尊"的显赫地位。董仲舒在《春秋繁露·山川颂》中对"山水比德"之说做了

进一步阐释，更加突出了伦理道德的教化。同时，他在《春秋繁露·人副天数》中力主"天人相类"式的合一说，这也是中国思想史上较早出现的"天人合一"论。此论，对后世园林的营造产生了深远的影响，开辟了中国传统园林造园艺术思想的先河。

秦汉时期，中国造园史上迎来了第一个高潮，园林以山水宫苑的形式开始出现，离宫别馆与自然山水相结合，范围可达方圆数百里，"体象乎天地，经纬乎阴阳"。因秦始皇对寻仙觅道一心向往追求，人们将神话中的"蓬莱"之境建进园林，使得此时期的园林融入仙道文化，模拟神仙海岛，据《秦记》记载，"始皇都长安，引渭水为池，筑为蓬、瀛……"。汉武帝时期，同样笃信神山仙苑的存在，将遐想变成了可观可游的地上仙宫，上林苑的扩建便是这个理想境界的最好体现。自此，园林中"一池三山"的景观布局集其所成，引领了园林营建的后来之势，成为皇家园囿中创作宫苑池山的一种传统模式，立为秦汉典范。

2.3　魏晋以玄对山水、高情寄丘壑

魏晋时期是我国文学史和艺术史上一个重要的变革期，被鲁迅称为"文学的自觉时代"。汉帝国崩解后，儒家思想一统天下的局面被逐渐打破，以老庄哲学为基础的玄学思想兴起。东晋时期，"中朝贵玄，江左愈盛，因谈余气，流成文体"，在玄学思潮巨大的影响之下，众多文人企慕隐逸、追仙访道、餐霞饮露、优游山林，这便与自然山水结下了不解之缘。士人把山水作为寄情的审美对象入诗、入画，大批描写山水的诗作接踵而至，表达了体玄识远、高寄襟怀的名仕之志。这一时期，园林游赏活动被士人所热衷，那些远离城市自给自足的山水庄园备受青睐，为日后私家园林的兴起奠定了基础。而此时的皇家园囿在山水文化气候的浸染下发生了巨大的变化，园林的布局和使用内容上虽继承了秦汉典范，却增加了较多的自然色彩和写意成分，规模较秦汉山水宫苑小，形式趋于雅致。

2.4　隋与盛唐"壶中"无比精美的山水体系

隋至盛唐，经济的繁荣带来了文化的繁荣，宏大兼容的唐型文化及其锐变使中国传统园林走向成熟。隋唐时期，受外来文化不断冲击，人们的思想与视野得到了极大的丰富。随着辉煌灿烂时期的到来，隋唐园林可由诗人画家直接参与营建。吴门画家张璪在《绘境》中提出的"外师造化，中得心源"的艺术思想观点，遂成为园林山水构建所遵循的原则，园林艺术也从自然山水园向写意山水园过渡。此时期受审美风尚和文化态势的影响，人们对山水园林的审美有了进一步的发展，园中主要以山水风景之美为特色。隋唐时期，开凿了贯通南北的大运河，而作为开皇初年兴建的长安城得益于运河开

通之惠，成为当时世界上最大的城市和贸易、文化中心。长安城所处地理位置十分理想，"关中八川"流经于此，城中的皇家宫苑则引水入城，形成了掇山有脉、理水有源、脉源相通的山水园林宫苑。

2.5　宋代相生相长的南北山水园林

宋代是园林发展的又一高潮期，以艮岳为代表的山水宫苑，是典型的写意山水园林，"叠石为山，凿池为海"，园中山水各擅其美。该园左为山，右为水，呈吞山怀谷、挟水赴壑之势，山水景观"千态万状，弹奇尽怪"。南宋以来，江南园林与北国园林存在着"春雨江南，秋风蓟北"之别，江南园林区别于北国绮丽纤靡之风，重清灵高雅之气，钱塘自古繁华的杭州（南宋都城临安）汇聚了众多宫苑、宅园，尤其是以水著称的西湖，"西湖烟水茫茫，百顷风潭，十里荷香……真乃上有天堂，下有苏杭"。宋人文化造诣颇高，受宋代尚文政策的影响，这些居于江南之地的儒雅之士将诗画融入山水园林，并通过文学题咏作为寄情抒怀的载体，山水便成为士人意兴发挥的主体，浓厚的山水精神赋予了园林新气象。以诗文为情调、以书画为蓝本的湖山胜景构筑之法，成为后世山水园林造景的重要文化依据。

2.6　元明清园林艺术的鼎盛期与山水文化的升华

元代，通惠河的开凿并未使皇家造园活动迟滞的局面有所改善，除元大都御苑"太液池"，别无其他建筑。直至明清时期，皇家园林犹如旭日东升，从沉寂中复苏并由此走向鼎盛。

明代，士人园林之风高潮迭起，以江南私家园林为盛，其造园意境融合了自然美、建筑美、绘画美及文学美，风格清丽秀雅，成为中国古典园林的代表之作，也是明清时期皇家园林及王侯贵戚园林效法的艺术模板。清代园林营造要素中必有山水，近水远山皆有情，园中文华绮秀之美无处不在。康乾盛世，敕建的皇家园林数量不仅多且规模宏大，同时兼具南北园林之长，可谓北园南调。康乾两代帝王钟情于园林，沉浸于"山水之乐，不能忘于怀"的心境。"三山五园"的建成，向世人展现了"移天缩地在君怀"的气魄与"天上人间诸景备"的恢宏匠心。

古往今来，中国古典园林的勃兴不仅是中国山水文化繁荣最伟大的创见，也是对中国山水文化发展脉络与精神内核的重要提炼。同时，山水景观作为艺术化载体，其承载着丰富的精神内涵、哲学理想与文化底蕴，并作为中国古典园林精湛的艺术景观要素体象天地、包蕴山海。

3　帝王匠心、山水英华

中国的园林有着悠久的历史，对中国园林的追溯，

可以循迹《诗经》中周文王修建灵台的情景，这也是皇家园林最早的起源，而囿、圃的形成，成为了皇家园林的原始雏形。可以说，中国的园林萌芽于魏晋南北朝，兴起于唐代，成熟于宋代，全盛于清代。而清代皇家园林的高潮奠基于康熙年间，完成于乾隆年间。

3.1　清初园林的鼎盛期

自辽金开始，北京城西北郊大小湖泊众多，太行山余脉巍峨，占据了京西上风上水的地势，直至清期，此处仍是久负盛名的风景名胜之地。清朝建立，历经数十年休养生息，出现康乾盛世，国库充盈，于是康熙帝、雍正帝、乾隆帝大规模地开发西北郊这块得天独厚的福泽宝地，陆续兴建了五座大型皇家园林，被后世统称为"三山五园"。

颐和园作为"三山五园"的收山之作，其中另有机缘巧合，在圆明园扩建工程完成之时，乾隆帝在《圆明园后记》中写到："后世子孙必不舍此而重费民力以创建苑囿"并昭告天下，但是没过多久，乾隆皇帝就以建寺为其母钮钴禄氏皇太后庆祝六十寿辰，且为解决西郊水患之忧为由，于乾隆十五年（1750年）启动了营建清漪园（今颐和园）的建设项目。

结合清代皇家园林所处的时代背景回顾，康熙帝六下江南，平定三藩，三征西域，统一台湾，使清朝成为中国历史上最后一个大一统的封建王朝，对内偃武修文、疏浚河工、独尊程朱理学，以治国安邦为首要，兼仁心仁政施于天下，其子孙雍正帝、乾隆帝承继其业，三代开创了民康物阜的太平盛世，这为日益繁荣的造园活动提供了雄厚的经济和文化基础。

清代不断高涨的造园活动使大批文人参与园林建设，构园论著层出不穷，如李渔的《闲情偶寄》、陈淏子的《花镜》、钱泳的《履园丛话》等，皆为传世佳作。清代私家园林成就数量最多，以江南地域为盛，太湖之滨、秦淮河头、扬子江边、西子湖畔、山阴道上，名园不胜枚举，园中风景洵美。康熙帝、乾隆帝都曾先后六次下江南巡行，为饱览山川之钟秀，足迹遍及苏杭、扬州等私家园林汇集之地，凡所中意的园林，均命随行画师摹绘成粉本"携园而归"，作为皇家园林的参考，清漪园正是效仿江南园林的布局而规划兴建的。

3.2　颐和园山水文化举要

清漪园"因水成景，借景西山"，巧于因借，以水为眼，峰峦当窗，历历倒影，宛若图画，不仅有各臻其妙的真山真水，还纳括了园林主人理想中的神仙境界。清漪园作为皇家行宫御苑，继北宗山水金碧重彩的艺术风格，讲究水态峰姿富贵威严之气，又不失潇洒风流之韵，园中万寿山山色如黛，昆明湖水色琉璃，西山秀色隐约，仰观山际，俯瞰湖畔，名园生辉，境界全出。园中的山

容水色令乾隆帝流连忘返，游目骋怀，览其园色之盛，极其风物之兴，便有了"何处燕山最畅情，无双风月属昆明"的佳作名句。

清代园地选址"以其地形爽垲，土壤丰嘉，百汇易以蕃昌，宅居于兹安吉"为原则，讲究相地合宜，"或傍山林，欲通河沼"，注重叠山理水"入奥疏源，就低凿水，搜土开其穴麓"。清漪园的构园选址就是效法其理，择傍山依水之地，因地制宜，在原有的基础上拓湖修山，做到"有山皆是景，无水不成趣"的湖山妙构，也按照"刚（山）柔（水）相推而生变化"的哲理，增其金碧秀润之气，扑人眉宇，如若天造地设，几不知其为人力也。乾隆帝在完成清漪园修建后，发布谕旨将瓮山、金海更名为万寿山、昆明湖，园中的湖山格局就此定型。经整修后的万寿山、昆明湖，气势神韵皆出，观之得体，故"虽由人作，宛自天开"。

清漪园所蕴涵的山水文化，源于乾隆帝的人文情趣与文化心态，既见之于行动，又出之以诗文。乾隆帝一生好作诗文，饶有书卷气，钟爱园林，寄情山水，每次饱游饮看之后"以形写形，以色貌色"，其诗生动传神，尽显园中山水景物之美。乾隆帝为万寿山、昆明湖作诗两百余首，能于有形之景兴无形之情，可谓高情远致，不同流俗。园中由乾隆帝创作的楹联、匾额同样饱含着丰富的山水文化信息，题名匾"湖山真意"指其山水具有天然的意味与情趣，不拘于俗。"澹宁堂"取"淡泊水之德，宁静山之体"，寓意不慕名利、心境平和，与其诗"水将澹影容先澹，山欲舒芳意且宁"同意。园中描写湖光山色的匾额、楹联比比皆是，如"动趣后阶临水白，静机前户对青山""刊岫展屏山云凝翟画，平湖环镜槛波漾空明""西山浓翠屏风展，北渚流银镜影开"等。

古人常将山水精神隐怀于意念，憧憬一处栖心之境，营构一方世外桃源，乾隆帝也是如此，修建园林并非只供耳目之娱，而是内养仁智之心。皇家园林中的山大多用来比喻君主，以表示君主"仁寿"之意。自北宋以来，帝王所建园林中的山几乎都以"万寿山"为名，这正是基于孔子关于"智者乐水，仁者乐山"山水比德之说。颐和园乐寿堂西配殿匾额"仁以山悦"出自晋·王济《平吴后三月三日华林园》诗"仁以山悦，水为智欢"，意为仁德、仁慈之心性就好比山那样高大厚重。古人触景殊多，遂寄情于巨山大川，山水便成为审美领域中重要的对象，且被赋予了人格化的审美标准。自然山水作为审美的客体，成为诸多帝王文臣精神世界的重要组成部分。

中国早期的生态哲学思想出自《管子·水地篇》："地者，万物之本源、诸生之根菀也。""水者，何也？万物之本原也"。这概括了山水对于万物和人类的重要生态功能。颐和园作为山水生态美学领域重要的客体，遵循与天地合其德，与四时合其序，效法天道自然，是

中国园林美学"天人融合、物我同一"的最高生态美学思想的体现。

叠山理水并非只重意境，且兼有一定的生态功能。从生态构建角度分析，理水比叠山更为重要，山脉之通，按其水径，水道之达，理其山形。不仅如此，"卜筑贵从水面，立基先究源头，疏源之去由，查水之来历。"乾隆帝就为解决西郊水患威胁，以河湖吐纳雨洪的形式，对昆明湖进行疏浚拓湖工程，理水之意"养源清流"，使其承纳更多的水量以备应用，同时梳理香山、玉泉山一带泉脉水道，形成了玉泉山—玉河—昆明湖—长河—护城河—通惠河—大运河这一立体水系，使湖体具有自然的滞洪、蓄洪功能，为城市供水、农田灌溉、漕运以及园林建设提供了充沛的水源。山容的掇整与水态的梳理是密不可分的，叠山技法源自初唐，可辙覆黄土聚拳石为山，杂木异草盖覆其上，形貌与原生态的自然山林无异，修整后的万寿山山形更加挺拔俊秀，气势磅礴，因其增大了山体的体量，有效屏障了寒风的侵袭，营造了园内较为舒适的小气候和静谧的休憩环境。夏季，万寿山南麓区域较为凉爽，因借助湖面吹来的湿气，使前山区域的空气温度降低，提高了山中的舒适度，由此，山中形成了良好的自然生态环境。

4　中国园林山水文化的价值

园林中的山水是经过艺术概括和提炼的审美再创造，但所表现出的真山真水的气势神韵，就好像是天然造化生成一般，即"园林之胜，惟是山与水二物"。而园林山水中所蕴涵的文化形态和文化现象，体现了中国古典园林创造者的文化素养与艺术情操。独步天下的中国园林，早就在国际上赢得了巨大的声誉和重要地位，其园林山水文化具有原创性、恒久性和可持续发展等特性，因此，挖掘园林山水文化的宝藏，更好地继承古人的山水文化积累，可使我们在更宽广的视域中来研究和把握中国园林山水文化，从哲学、文学、诗画中揭示产生园林山水的文化依据，从而真正理解中国古典园林山水文化的精髓。

中国园林山水文化随着人类漫长的劳动实践、意识觉醒而孕育、发展到成熟，人们对山水的认识经历了自然崇拜、道法自然、天人合一观的一次次飞跃，这反映了人们意识形态的稳定延续和不断发展演变的过程，且具有重要的文化价值和现代意义。近代西方国家强势的技术和文化逐渐影响了当代的中国园林，面对外来文化，我们不应仅停留在保护层面，在吸收外来文化知识的同时，继承和发扬中华先人异乎寻常的造园智慧及山水精神，弘扬可视、可感的山水文化，尊重传统兼收并蓄，互相传承相互借鉴与影响，力图生生不息、继往开来。中国的山水文化得以流传至今，心路历程漫长而修远，它的出现，证明了作为优秀的历史文化，不仅没有在历史的潮流中被埋没，反而成为一种可持续发展的文化资源，成为人类环境创作可借鉴的艺术范本。中国园林所蕴涵的山水文化不仅是历史的积淀，也是锦绣河山的缩影，不但有其灿烂辉煌的过去，也有其蜚声中外的现在和几乎无限的未来。

参考文献

[1] 罗哲文．中国古典园林［M］．北京：中国建筑工业出版社，1999．

[2] 史元海．山湖清音 颐和园匾额楹联浅读［M］．北京：中国文史出版社，2015．

[3] 曹林娣．中国园林文化［M］．北京：中国建筑工业出版社，2005．

[4] 翟小菊．北京志·颐和园志［M］．北京：中国林业出版社，2004.11．

[5] 陈从周，陈馨．园林清话［M］．北京：中华书局，2017.5．

[6] 曹林娣．东方园林审美论［M］．北京：中国建筑工业出版社，2012.4．

[7] 刘天华．园林美学［M］．昆明：云南人民出版社，1989．

[8] 张采烈．《中国园林艺术通论》［M］．上海：上海科学技术出版社，2004．

Historical Review of Chinese Landscape Cultural factors and Their Expression in the Summer Palace

Huang Xin Yan Bao-xing Liu Cong

Abstract: Landscape culture takes landscape as the carrier. The relationship between human and landscape forms a unique culture. Landscape culture is an important part of Chinese garden culture. In order to better show the coexistence of landscape culture and Chinese gardens, this paper makes an in-depth and detailed study on the relation and interaction between landscape, literature artistry, physical geography, history and so on. By combining macro and micro, textual research and analysis, this paper takes the Summer Palace as an example, expounds the characteristics of landscape gardens，and reanalyzes the aspects of landscape culture of the Summer Palace. In the end, by using the influence of foreign culture, and makes a brief interpretation of the cultural value of Chinese garden and landscape.

Key words: Chinese garden; landscape culture; the Summer Palace

作者简介

黄鑫 /1985 年生 / 女 / 北京人 / 工程师 / 本科 / 毕业于北京农学院 / 就职于北京市颐和园管理处 / 研究方向为园林设计与绿化、历史文化

闫宝兴 /1968 年生 / 女 / 北京人 / 副高级工程师 / 本科 / 毕业于林业大学 / 就职于北京市颐和园管理处 / 研究方向为园林设计与绿化

刘聪 /1985 年生 / 男 / 北京人 / 工程师 / 硕士 / 毕业于中国林业科学研究院 / 就职于北京市颐和园管理处 / 研究方向为园林设计与绿化

消失的中山公园探析

张　满

摘　要：中山公园，作为一个在中国近代史上阶段性涌现的历史现象，是社会记忆和城市历史文化的载体，承载着一个城市近百年的记忆，它是娱乐休闲公园，而且是国家权力空间化与意识形态的载体。目前所见关于中山公园的研究，大多是基于从建园延续至今仍然存在的中山公园展开，但现今存在的中山公园相较其在巅峰时期的数量，已经少了很多。对于现今在人们的视野中"缺席"的中山公园，尚未有人给予系统的研究。本文试图通过留存在现有文本中的信息，探讨中山公园消失的原因及其所揭示的中山公园纪念性功能的变迁。

关键词：中山公园；功能；纪念性

1　中山公园的数量

　　中山公园作为世界上数量最多、分布最广的同名纪念性公园，对于其不同时期存在的数量，有着不同的说法。《故园寻踪——漫话中山公园》一书中写到，"有资料显示，从1925年到1949年，全国中山公园数量达267座"，并附以表格统计，但未给出援引资料的出处。在"数字中山公园"一节中统计了截至2013年年底的数据，"全球共有95座中山公园，其中69座分布于大陆，香港2座，澳门1座，台湾17座，国外6座。"厦门孙吉龙所著《中山公园博览》中写到，"全世界现存的中山公园共有九十多座……目前中国大陆有15个省（市）建有67座中山公园……台湾有17座；香港2座；澳门1座。"朱钧珍的《中国近代园林史》中山公园一节写到，"迄今为止，我们了解到的这一类中山公园共计110个"，文后附表共列有112座中山公园，其中包括历史上曾经存在的，也有现存的，未做区分。王冬青在其博士论文《中国中山公园特色研究》中指出，"民国时期，中山公园曾经有两百多座，目前国内和海外现存的中山公园共有67座。其中大陆52座，台湾10座，港澳2座，海外3座。"

　　无论哪一组数据，虽然统计上相互之间存在偏差，但都反映出中山公园的数量，以孙中山逝世为起始，到中华人民共和国成立前后是高峰期，从中华人民共和国成立至今，在数量上开始减少，大体而言，是从高峰时期的两百余座，降至现今的70座左右。公园数量的减少，反映的不仅仅是公园在功能上的整体变迁，深层的原因是中山公园纪念性的弱化，所以会有园址荒废、移作他用、更改园名等现象的出现。目前的研究多集中于现存的中山公园，对于已经消失的中山公园未做过多的深入分析。

　　本文选取的几处中山公园，同为孙中山先生逝世后，全国兴建中山公园的浪潮中所创建，并且在其存在的几十年中实现了较好的社会功能，主要包括肇建伊始对孙中山先生本人的纪念，作为抗战时动员集会场地，以及为市民提供休闲娱乐的公共空间，直到因为不同的原因而走向消亡，或名实俱灭，或中山之名不再。

　　很多现存的中山公园，也曾经历过破落衰败、难以为继的阶段，但后期又通过重新修缮得以延续，但文章所选取的数座中山公园，则未能有此机会，今天已难寻其踪迹。本文希望通过选取现存资料较多的几处已经消失的中山公园，来看中山公园乃至中山建筑这一类现象的历史文化内涵的变迁。

2　福建长汀中山公园

2.1　兴废始末

　　长汀中山公园旧址，位于长汀县城今长汀一中校园内，为古代汀州府署所在地。1930年，苏区红军将此地辟为列宁公园。1934年红军长征后，国民党政府改名为中山公园。该园占地约六十余亩。从公园大门可直通卧龙山麓。园内亭榭花圃，依山而筑，历经千年的古樟树，绿叶掩映，呈现出一派天然美景。园内原有钟氏唐始祖妣马太夫人墓、朱德阅兵处、瞿秋白英勇就义前的饮酒亭、元代灵龟寺的断头石龟，以及利用天然古樟树洞设置的斗棋洞。1941年，厦门大学搬迁至此。此处现为长汀一中、长汀少体校校址。除饮酒亭已经修复，余景大都不存。园中新建教学大楼、图书馆、体育场、旱冰场、室内篮球场、露天灯光球场、乒乓球馆等。

图1 天津《大公报》刊 图2 《时报》1935年5月13日第6版
登的瞿秋白遗像或为中山
公园内拍摄

2.2 文化内涵

2.2.1 名人墓园

民国二十三年甲戌岁（1934年），广东兴宁县白袍村人钟彬时任国民革命军三十六师一零八旅旅长，驻防汀州。军务之余，以忠孝两全、慎终追远的精神，经得上司批准与汀州人磋商，发动全族力量，重建马氏祖婆坟基（纪念碑）。民国《长汀县志古迹志》云："钟氏始祖妣马夫人墓，在中山公园内。民国二十四年陆军第三十六师一零八旅旅长钟彬等修筑。"基体为纪念碑，宏伟壮观，正碑镌刻文：锺氏唐始祖妣马太夫人墓。（误将南北朝贤公之妣马太夫人为唐朝全慕公之妣马氏）。1967年"文化大革命"时纪念碑被毁。复为平地后辟为学校，是为长汀中学。后迁建广东蕉岭三圳顺岭村，纪念碑仍按1935年乙亥岁建筑在汀州的图案施工建筑。

2.2.2 抗战旧址

1932年"六一"期间，列宁公园举行纪念"五卅"武装总检阅大会，欢庆红军攻克漳州，朱德任总指挥举行检阅。同年"八一"期间，列宁公园举行纪念八一暨欢送新战士参加红军大会，到会群众八千余人。1933年4月，列宁公园召开红军第四次反围剿胜利大会。

1935年，瞿秋白在长汀被捕，蒋介石下达命令"就地枪决，照相呈验"，于是在中山公园照相（图1）并于园中亭内用了刑餐，随即押往西郊刑场，一代爱国志士英勇就义，时年36岁。秋白亭为后来复建，为一六角亭。

《时报》1935年5月13日第6版报道了瞿秋白被捕的消息（图2），大标题为俘获瞿秋白解长汀，小标题为"俘匪供瞿被捕"，全文如下："又长汀三十六师俘获伪兆征县苏主席、又供出瞿等数度匪被捕消息、第二绥区司令据第八师电告、俘匪供出瞿秋白等在汀杭交界水口地方就获消息、即电令钟团查复、钟团以俘匪供称特务连获送匪首时、若干人以驳壳枪跟随、而是日缴获者、果系驳壳枪、可证属实、旋册六师电令将瞿解往长汀、以便由俘匪指认。"

天津《大公报》1935年7月5日第4版，刊载"瞿秋白革命纪"摘录如下："本年三月中旬，于长汀水口地方被保安十四团钟绍葵部将其（瞿秋白）俘虏，当时瞿犹变名为林祺祥，拘禁月余，莫能辨认，后呈解汀州，经三十六师军法处反复质证，彼乃坦然承诺，毫不避讳，于是优予待遇，另关闭室，时过两月有余，毫无讯息。今晨忽闻，瞿之末日已临，登时可信可疑，终于不知是否确实，记者为好奇心所驱使，趋前叩询，至其卧室，见瞿正大挥毫笔，书写绝句，其文曰：一九三三年六月十七日晚梦行小径中，夕阳明寒流出咽，如置身仙境。翌日，读唐人诗，忽见夕阳明灭乱山中句，因集句得偶成一首：夕阳明灭乱流中。韦应物，落叶寒泉听不穷。郎士元，已忍伶聘十年事。杜心甫，持半偈万缘空空。郎士元，方欲提笔录出，而毙命之令已下，甚可念也。秋白半有句'眼底烟云过尽时，正我逍遥处'，此非'词谶'，乃狱中言志耳。书毕乃至中山公园，全园为之寂静，乌雀停息呻吟，信步行至亭前，已见韭菜四碟，美酒一瓮，彼独坐其上，自斟自饮，谈笑自若，神色无异。酒乃多言曰：人之公余稍憩，为小快乐；夜间安眠，为大快乐；辞世长逝，为真乐。继而高唱国际歌，以打破沉默之空气，酒毕徐步赴刑场，前后卫士护送，空间极为严肃，经过街衢之口，见一瞎眼乞丐，彼犹回首顾视，似有所感也。既至刑场，彼自请仰卧受刑，枪声一发，瞿遂长辞人世矣！（平写于十八日午刻）"

当时的《大公报》是国民党统治期间的重要刊物，也是我国目前发行时间最长的报纸，文章是当时一位记者写的，虽然国共正处对战期间，但记者笔下仍透露着对瞿秋白烈士的一丝敬佩之情。无论是刑前赋诗饮酒，还是对乞丐之一瞥，都是作者亲见，而这些历史也正是发生在昔日中山公园之内（图3）。

图 3　今原址复建的秋白亭

2.3　沿革变迁

2.3.1　厦大校址

1937 年年末，厦门大学内迁闽西长汀，师生翻山越水，徒步 23 天，于 1938 年年初陆续抵汀，向长汀县政府申拨土地扩建校园，在虎背山旧中山公园荒地两三年间陆续兴建各类教室、阅览室、实验室、图书馆等设施。厦门大学在中山公园办学期间，也给长汀带来了进步的思想和科学文化，长汀时期，厦大在国际上颇有声名，很多外国学者到校参观，促进了古城汀州的文化教育事业，使长汀成为中南抗战后方文教、经济的集结地之一。一直到抗战胜利后第二年，厦门大学才结束了在长汀的岁月，回到厦门重建校园。

天津《大公报》1937 年 12 月 27 日第 3 版刊登了一条极为简短的讯息"厦大将迁长汀"，全文只有二十余字(图 4)："中央社福州二十五日电，厦门大学月底迁长汀，校址定专署旧址，已派人布置。"

2.3.2　长汀一中

抗战胜利后，厦门大学返厦，所属中山公园校舍及部分教具归长汀中学接管，成为长汀中学的第二校舍。后来屡次修建、扩展，龙山书院、汀州试院、定光古寺、府署旧址（即中山公园），都悉数并入长汀中学校园（图 5）。

2.3.3　厦门大学、长汀中学、中山公园并立时期

根据现有材料，无法确知三者在交替更迭的过程中的顺序，但天津《大公报》于 1943 年 6 月 27 日第 4 版刊载了一篇文章，题为"运动会起纠纷，厦大学生罢课，事态扩大校方劝导复课"，主要是报道了厦大及汀中举行运动会，厦大运动员认为长汀中学有失公正，于是包围了学校，并与教员发生冲突，冲突过程范围扩大到中山公园一地，后长汀中学要求惩办肇事学生。在这篇报道中，可以十分确切地看出，至少截至 1943 年，厦门大学、长汀中学、中山公园三者是同期并存的。

3　浙江贺城中山公园

3.1　兴废始末

贺城中山公园在城郊西北部，依山构筑，占地 1.8 万平方米，是新中国成立前公众活动的主要场所之一。

中山公园是 1938 年开始兴建的，日本全面侵华后，淳安成为后方重镇，杭嘉湖地区难民、工商业者和一些政府机构、学校纷纷来到淳安，还有军队驻扎，贺城的人口骤增，公众活动场所顿时显得狭窄不堪。为满足公众的需要，县长李文凯等人确定在天镜山开拓一所公园和广场，并起名中山公园，以纪念中山先生。

新中国成立前，中山公园是召开国民月会、夜呼提灯会、运动会的主要场所。1939 年春夏之际，淳安县立初级中学童子军还搞过防空演习。1940 年，浙江省主席曾在公园广场做过抗日形势报告。

随着千岛湖的形成，包括中山公园在内的整个贺城已沉入水底，不复见天日。

1933 年的《浙江省建设月刊》第 6 卷第 10 期刊登了"林业调查之三：长龙山之中山纪念林"的图文。

3.2　文化内涵

淳安县原县治淳城，又名贺城（图 6）。据史籍记载，

图 4　天津《大公报》刊登战时厦大迁址长汀的文章

图 5　福建省长汀第一中学

图 6　淳安老县城淳城（贺城）全景

东汉建安年间，东吴孙权派威武中郎将贺齐平定，贺齐为太守，遂称贺城。淳安在历史上先后更名多次，南宋定名淳安沿用至今，贺城一直为县治所在地。1955 年 10 月，当时的电力工业部选址淳安和建德交界的铜官，建设新安江水电站。1959 年 4 月 30 日，两县 29 万人移民他乡。同年 9 月 21 日，新安江截流，库区开始蓄水。贺城（古淳安城），狮城（古遂安城），连同 27 个乡镇、一千多个村庄、30 万亩田地和数千间民房，悄然沉入湖底。

如今，位于淳安青溪新城的淳安博物馆对外开放运行。该馆以淳安 4000 年历史为叙述主体，以 1959 年为界，用实物结合声光电等效果元素，讲述淳安从"湖底江"时代到"江上湖"时代的沧桑巨变，堪称千岛湖又一新的"文化景点"，也是 45 万淳安人的"回得去的文化故乡"和"放不下的精神家园"。

4 贵州云岩中山公园

4.1 兴废始末

云岩中山公园旧址位于贵阳市云岩区中山西路。其前身为梦草公园，也称贵州公园，建于 1912 年 9 月。

在抗战时期，该园也是作为集会、抗议等爱国活动的重要场所。民国四年（1915 年），袁世凯签订二十一条，梦草公园集会抗议。1919 年"五四运动"爆发，6 月 1 号梦草公园光复楼前召开贵州国民大会。同年 7 月 16 号，何应钦任主席。全国学联贵州支会（进步组织）在梦草公园成立。

1926 年年初，公园的正式名称是贵阳市公园。而老百姓仍称梦草公园，因贵阳当时仅有此 处公园，有时干脆叫"公园"。1929 年，毛光翔主黔时，梦草公园正式改名为中山公园。

公园在随后的岁月中因军阀混战、无人管理而逐步破败，后周西成将公园作为省政府招待所，公园已名存实亡。国民党中央军入黔后（1935 年以后），这里次第成为绥靖公署、警备司令部、省参议会驻地，公园逐渐破坏。如今，中山公园不复存在，其旧址成了繁华的步行街。

4.2 文化内涵

4.2.1 贵阳最早的公园

谈起贵阳最早的公园，众说纷纭，其实，贵阳最早的公园并非 1940 年落成的花溪公园，也不是 1942 年创建的河滨公园，而是比它们早数十年出现的梦草公园。梦草公园建于 1912 年 9 月，地址在倒水槽西侧（贵阳市委和贵州省教育厅所在地）。这块地方在明代初期，先是贵州提学副使毛科的府邸，后是贵州提学副使谢东山的住宅，内有池塘，池塘始改名梦草池，取自谢灵运"池塘生春草"的诗意（图 7）。明末，该地曾是贵阳著名诗

人吴中蕃（吴滋大）的别墅，经多年培植，梦草池成为贵阳颇具名声的园林胜地。清代，这里成为按察使署，辛亥以后才辟为公园。

4.2.2 园林景观

公园开办之初，梦草池内荷花怒放。池中有池心亭，民国初年陈衡山有联："池上诗萦春草梦，水心人坐藕花风"。

池心亭旁有紫泉阁、光复楼、吴滋大先生祠、得月轩等楼台亭阁。光复楼藏有平播钟，是明代贵州巡抚郭子章平定播州（今遵义）后所铸造。池塘周围古木参天，曲径通幽，树龄千年者为皂角，数百年者为冬青。此外，公园还养有虎狮水獭、仙鹤等动物，供游人观赏。

梦草亭原有清末民初贵阳人刘玉山的一副对联："红浸一池春，看鸿爪犹存，谁替荷花来作主；翠拖三径曲，念滔生若梦，我寻芳草倍思君。"

园中景色宜人，市民在此多纳凉闲坐，是那一时期当地重要的市民活动空间。

5 河北阳原中山公园

天津《大公报》1931 年 7 月 6 日刊载了一篇关于修理公园的文章如下："阳原通信，县城西郊，旧有龙泉公园、风景之优美，为全县冠、自改中山公园，拟即从事修理，惟以筹款困难，延未实现，本年当局决计兴工，于旧泉之南，开新泉，并于公园对方，建筑三亭，既可避暑休憩，复可望景赏情，经此点缀，益形幽雅，刻工已告竣，所费拟由各界捐助，前发出捐启多份，请有力者热心劝募，现各公安队长，已陆报交捐洋。"

《大公报》又连续于同年 8 月 2 日第 5 版刊登一文，如下："公园立碑。阳原通信，县城西郊之外中山公园，修理工程告竣，三亭均已题名，中日观海，北日赏泉，南日咄泉，新泉立刘公池碑，兴旧泉高公泉碑相对照，另有建局述修理经过一碑，均即日可树立，闻拟演剧三日，以资娱乐，果而，则届时车水马龙，男红女绿，必有一番盛况，刻正热心募捐以成其事。（七月三十日）"如图 8 所示。

图 9 为《阳原县志》中留存的"阳原县中山公园全景摄影"照片，该照片摄于民国二十一年五月五日。

图 7 梦草池老照片

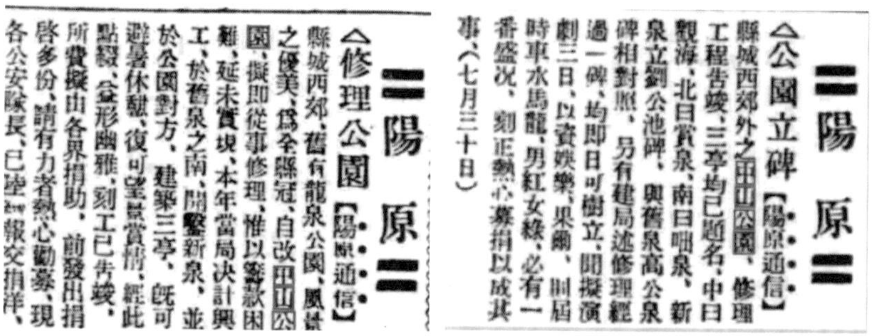

〇修理公園【陽原通信】

縣城西郊舊有龍泉公園，鳳城之優美，為縣冠，自改開中山園，擬即從事修理，惟以籌欵無著，延未實現，本年常局決計興工，於舊泉之南，開鑿新泉，避暑休憩，復可望賞柑，點綴，金形幽雅，刻工已告竣，於公園對方，建築三亭，既可各公安隊長，頃有力省熱心勸募，現啓多份，請由各界捐助，前發出捐工，已座即報交捐洋

〇公園立碑【陽原通信】

縣城西郊外之中山公園，修理工程告竣，三亭均已題名，中日觀海、北日賞泉、南日咽泉，新泉立碑公池旁，與舊泉高公泉碑相對照，另建局迤修理經過一碑，均即日可樹立，開攝演劇三日，以資娛樂，果卿，刷屆時車水馬龍，男紅女綠，必有一番盛況，刻正熱心蔡捐以成其事。（七月卅日）

图8　天津《大公报》1931年7月6日、8月2日版

图9　阳原县中山公园全景摄影

6　河南开封中山公园

河南开封中山公园原址历史意涵十分丰富，最早可溯至唐代藩镇衙署。五代、北宋、金都相继将其作为皇城。清顺治年间，在周王府旧址上设立了贡院，作为科举考试的场所。康熙年间在原周王府煤山上修建了一座万寿亭，亭内供奉皇帝万岁牌位，每逢节日大典或皇帝诞辰，地方官员来此遥拜朝贺。于是煤山改为龙亭山，简称"龙亭"。嘉庆帝曾特诏各直省将储存的闲款用以葺修神祠，对万寿观作重点修葺。

民国十一年（1922年），冯玉祥第一次主豫时来开封，即将龙亭贯穿南北的驰道以兵广之。并拆去万寿观牌坊，逐散道士，打毁吕祖庙及火神庙中的泥胎神像，未及修建，即被调离。民国十四年（1925年），河南督军胡景翼（原冯玉祥部下师长）对驰道进行增修，将龙亭东西两侧的上下蹬道改建为砖砌台阶，东侧山丘上修四方亭一座，并命名为龙亭公园。

民国十六年（1927年）冯玉祥二次来豫主政，改龙亭公园为"中山公园"。在南面的牌楼式石柱大门中，横额书写"中山公园"四字；东柱书题"遵守总理遗嘱"；西柱书题"实现三民主义"；另东横额书"自由"二字；西横额书"平等"二字（图10）。

1929年，在照壁后、真武殿废址前，树立孙中山先生铜像一尊，台上大殿为中山俱乐部。至此，公园已初具规模。这也是全国第一尊由中国人自己设计铸造的孙中山先生铜像。1931年后中山公园又有所变更，原牌坊东额改"自由"为"天下为公"；改西额"平等"为"民众乐地"。龙亭大殿正中悬挂孙中山遗像，其旁悬挂革命先烈遗像多幅，东跨院设无线电台，西跨院设河南古迹研究会、国术馆等。

1938年，开封沦陷。1942年，伪河南教育厅在龙亭设立新民教育馆，改中山公园为新民公园。抗日战争胜利后，国民党河南省长刘茂恩将龙亭大殿改为河南忠烈祠，在大殿内置张自忠等66位抗日将士牌位，并立碑记述这次改建经过。原先照壁前的纪念碑，已被拆毁。

1948年6月，开封第一次解放时，国民党第66师师长李仲辛等盘踞龙亭负隅顽抗，被解放军击毙，龙亭也遭受严重破坏（图11）。

1948年10月24日开封第二次解放，龙亭回到了人民的怀抱。1953年，正式命名为龙亭公园。

从唐代至民国十一年这一千余年期间，该地都是作为皇宫府衙、神祠道观等用处，自1925年至今，从名称上则历经龙亭公园、中山公园、新民公园等不同的名称，到解放后恢复成龙亭公园的名称。原有的孙中山先生铜像以及辛亥革命十一烈士墓等纪念性建筑，今已迁至禹王台公园进行安置。其真正作为中山公园存在的时间不过15年（1927—1942年），而孙中山先生像等革命史迹的移出，其作为"中山"纪念性的部分也宣告终止了。

图10　开封中山公园前门中央画报民国十七年九月十六日

图11　开封中山公园龙亭：南京中央日报周刊1948年5月

7　四川绵竹中山公园

民国初年，以绵竹城南南轩祠（今南轩中学）作公园，占地17982平方米，园内修竹苍木，亭台假山，环境幽雅，每年正月游览会和端午节开放，民国十八年（1929年）租祥符寺空坝、林园、菜园19980平方米，由公园事务所筹建公园。《师亮随刊》1931年第106期和第110期分别记叙了绵竹中山公园竹枝词（图12、图13）。

至民国二十五年（1936年），耗银元24000元、铜钱25.7万串，建围墙710米，路528米，凿池6660平方米，建桥3座，戏园1座，植花木千余株，定名为中山公园，南轩祠公园随即关闭。由于园内多次驻扎军队，对设备、

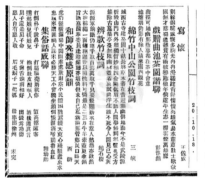

图 12 《师亮随刊》1931 年第 106 期

图 13 《师亮随刊》1931 年第 110 期

图 14 绵竹县政府公报 1937 年第 9 期

建筑、花木、水池、亭台、花园、假山、道路进行了整修（图 14）。

至民国三十八年（1949 年）园内主要建筑有桂香亭、湖心亭、莩亭、静香亭和茶园 3 处，阅报室 1 处。1950 年更名为绵竹县人民公园。

8 结语

六座中山公园均湮没在历史之中，具体而言，原因各有不同。福建长汀中山公园旧址是在相继用以兴建高校、中学校舍的过程中逐渐丧失了本体；浙江贺城中山公园则是在新中国成立后的水利建设工程中与整个城镇一并沉入湖底，但新的淳安城另择址重建，中山公园则不复存在；贵州云岩中山公园的消失过程则更具典型性，在战事频发的时期，混战之中中山公园旧址常被军队征用，作为作战指挥中心，这对于园区内原有景观势必造成很大破坏，久而久之，公园本身也悄然消亡了；河南开封中山公园则几经易名，在 20 世纪 50 年代被撤销中山公园的称号，最终回归到其历史名称上；四川绵竹中山公园也是经历了战火纷飞的时代，最终被更名为人民公园。

这数座中山公园，终未能呈现在今人面前，也不再有游客受其恩惠，承其荫庇，享其休憩之宜。自兴建之初，由于当时举国上下纪念孙中山先生的浪潮声势浩大，因而很多固有的公园也随之更名，以表纪念。但在后来的历史发展过程中，这种纪念性的初衷被逐渐遗忘，于是园景荒废，人也无心流连，这些中山公园最终消失在历史的尘光中。

参考文献

[1] 王冬青. 中国中山公园特色研究 [D]. 北京：北京林业大学，2009
[2] 何静梧. 贵阳历史研究 [M]. 贵阳：贵州人民出版社，1996.
[3] 邓宗岳. 世纪耕耘集 [M]. 贵阳：三联书店贵阳联谊会，2002.
[4] 周祖赞. 典藏"中山"：孙中山革命活动文物收藏集锦 [M]. 北京：解放军出版社，2013.
[5] 淳安县文史资料委员会. 淳安文史资料第 7 辑 [M].1991.
[6] 陈蕴茜. 崇拜与记忆 孙中山符号的建构与传播 [M]. 南京：南京大学出版社，2009.
[7] 中国留学人员联谊会，欧美同学会. 留学人员与辛亥革命 [M]. 北京：华文出版社，2012.

Study on Some Disappeared Zhongshan Parks

Zhang Man

Abstract: Zhongshan Park, as a historical phenomenon emerging in modern Chinese history, is the carrier of social memory and urban history and culture, bearing the memory of a city for nearly a century. It is a recreation and leisure park, and it is also the carrier of the spatial and ideological power of the country. Most of the current research on Zhongshan Park is based on Zhongshan Park, which continues from the construction of the park. However, today's existing Zhongshan Park has disappeared more than it has left today compared to its peak period. For Zhongshan Park, which is "absent" from people's eyes today, no systematic study has been given. This paper attempts to explore the reasons for the disappearance of Zhongshan Park and the change of its commemorative function through the information retained in the existing text.

Key words: Zhongshan Park; function; commemorative

作者简介

张满 /1988 年生 / 女 / 辽宁人 / 助理馆员 / 硕士 / 毕业于中央民族大学 / 现就职于中国园林博物馆北京筹备办公室 / 研究方向为园林历史与文化

天津中山公园的历史与传承

邢　兰

摘　要： 中山公园作为纪念孙中山先生、宣扬中山精神的基地，是中国近代历史的特定产物，分布在各个城市。天津中山公园始建于 1907 年，饱经沧桑，历尽坎坷，不仅是城市变迁的记忆，更是城市发展的见证。追溯天津中山公园的历史变迁及布局特色，对于繁荣新时代公园文化、传承历史名园文脉都具有十分重要的意义。

关键词： 天津；中山公园；历史；文化特色；传承

中山公园是纪念孙中山先生、宣扬中山精神的基地。1925 年孙中山先生逝世后，中国乃至全世界曾掀起了一股"纪念孙中山先生"的热潮，人们以各种形式、方式表达着对这位革命伟人的缅怀和追思。就中山公园而言，最多时全中国有两百六十多座。但由于外敌入侵、社会动荡、经济萧条等原因，大多数的中山公园已消失。截至 2013 年年底，中国大陆仅余 69 座，中国台湾、中国香港、中国澳门共有 20 座（其中台湾地区有 17 座），国外中山公园有 6 座，分布在美国、加拿大、日本和新加坡[①]。

以中山冠名的公园，大多建于 20 世纪 40 年代以前，初衷都是为了纪念孙中山先生而辟建或更名的，是中国近代历史的特定产物。分布在各个城市的中山公园都有自己的历史沿革和渊源，文化积淀丰富，表现形式各异。天津中山公园在设计上将中国传统造园艺术与西方建筑形式有机结合，有花园，又有公共设施，既是娱乐场所，又是公共活动场所。

1　天津中山公园的历史

天津中山公园所在地原为天津盐商张霖莹的思源庄，清光绪三十三年（1907 年），天津建"劝业会场"，北起大经路（今河北区中山路），南至金钟河（现今已被填平），东临昆纬路，西靠北洋造币总厂，共占地九十余亩。民国元年（1912 年）更名为"天津公园"，因处在河北区，后改名河北公园。该公园集文化娱乐、工商实业、科学教育于一体，成为民众集会和娱乐休闲的好去处。直奉战争期间，驻军的进入使公园遭到破坏。1929 年改名为中山公园（图 1）。经过重新整修，公园焕然一新，于 1930 年重新开园。1936 年，市府为供民众游览设置公园四处，天津中山公园改为"天津第二公园"，原曹家花园旧址改为天津第一公园。1937 年，天津沦陷，日军侵占中山公园作为军营，公园遭到践踏，抗战胜利后，公园已经面目全非。新中国成立后，天津市政府多次拨款对公园进行修缮，并正式定名为中山公园，从此它成为河北区民众的休闲娱乐场所。

图 1　中山公园沿革

---

① 数据来源为林涛、林建载著《故园寻踪——漫话中山公园》。

1.1 中山公园的前身——劝业会场

这个清末时期建成的公园可以说是由袁世凯促成的。清朝末年，天津的爱国实业界人士积极倡导以民族工业来拯救清朝疲弱的国力，为展示天津工业发展状况，他们在建造一个叫作"劝工陈列厅"的同时，也筹建了一个对外开放的公家园林，称为"劝工会场"。当时公园陈列了很多中国的工业产品和工艺示范。

劝业会场将正门设置在大经路（今中山路）上，建有四柱牌楼，中间横匾书有"劝业会场"。从正门进入后，劝业会场内部分为四个功能区，首先是正门到钟楼之间，道路两侧的商铺店面，为商业区；钟楼后是山水池阁及环状绿带，为园林区；由环状绿带包围的是中心操场，为活动区。环状绿带以外围绕建设有劝工陈列所、教育品参观室、学务公所、北洋译学馆、学会处、教育品制造所等建筑群。从这个规划中可以看到，天津劝业会场一门和二门之间为商业空间，构成了进入会场的前奏，加强了劝业会场的娱乐性。而在场内，劝业会场设置了抛球房、照相馆、番菜馆、电戏园等公共娱乐空间，还有教育品制造所、参观室等提高民智的设施，成为具有近代意义的公共空间——一个带有启蒙性质的空间。

劝业会场在设计之初以"西学东渐、中西合璧"为理念，将中国传统园林艺术与西方建筑形式相结合。公园正门设街钟楼，楼上镶嵌着自鸣钟。园内有假山、水池、小湖，假山上矗立着观音塑像，观音像栩栩如生，手中持玉净瓶向池中注水。园内小路蜿蜒迂回，曲径通幽，路两侧花草遍地，时而密不透风，时而疏可走马。园内欧式建筑、雕塑、花钵、景墙也营造出欧式公园的意境。

1.2 从河北公园到中山公园

1912年8月24日，孙中山路过天津，应广东会馆之邀，为北方同盟会员演说，之后到河北公园参加直隶总督府欢迎会。根据描述，当时的河北公园亭廊、山泉、草坪、花树齐备，环境幽雅。关于河北公园的资料，目前所存甚少。但从一份《大公报》中关于"河北公园植纪念树六百株"的报道中我们可以了解到公园建设的一些情况（图2）。报道中提到："松柏长青，槐柳并茂。关于总理逝世纪念日植树计划，本报曾有记载。兹闻市府各局及总理逝世纪念会，开联席会议，讨论已经决定及与待讨论各事项。闻已决定者，种树地点决在河北公园。树之种类以洋槐、松、柏、杨柳四种为限，每种一百五十株，共六百株，由购苗花厂保险三年，如有损伤，须另补栽。树秧须高出地面五尺以上，树旁钉木桩以保护之。关于设计方面，河北公园亭台修整，拟将土山之亭上树一横匾，名曰中山林。亭下植树，树木编成字形或三角形、四方形，后绘成图案，由市府核办。修亭工事及植树图样布置，由工务局负责，购树秧由特别三区负责。河北公园外门之河北公园四字，改为中山公园，并在立柱上加油漆标语。宣传方面，在唤起民众对于林业之兴趣。组织宣传队，由市府各局及各学校组织之，张贴标语，拟印每种八百张，分送公安局三特区派警张贴，并推定宣传主任及宣传员。植树仪式尚在拟议中，闻今晨九时之会议中，即将应办时间，完全解决，并加紧准备云。"

这份报纸是1929年3月的《大公报》，通过报道可以了解到当时河北公园亭台修整及绿化造林的情况。也就是这一年河北公园改称"中山公园"。关于民国时期中山公园的情况，我们也只能通过当时的报纸略知一二（图3~图6）。

此后，中山公园又经过两次易名，直到新中国成立后才正式定名为中山公园。从2009年开始，天津市政府对天津中山公园进行了一系列的改造，将这个封闭式的园林改造成为开放式的街心公园。

公园以孙中山先生的纪念碑为中心，分为下沉式中

图2　河北公园植纪念树六百株

图3　一名学生对当时中山公园的印象，摘自1929年的报纸

图4　当时的公园已经经过整修，摘自1930年的报纸

图 5 中山公园风景图,摘自 1931 年的铁路月刊津浦线　　图 6 对当时天津中山公园的　图 7 魏士毅女士纪念碑
　　　　　　　　　　　　　　　　　　　　　　　　　　　介绍,摘自 1932 年的报纸

心广场区、碑林展示区、红色历史教育区等。进园面前一条环形路,虽然路内有多条小径交错纵横,但还是很容易就找到公园的中心区——孙中山先生纪念碑。碑上刻有孙中山先生于 1912 年在这里即兴讲演的演说词,让人不禁追忆起那激荡而又振奋人心的年代。园内还有"十五烈士纪念碑"、"魏士毅女士纪念碑"等(图 7)。

2 天津中山公园的园林布局与文化特色

天津中山公园采取规则式布局,一条中轴线贯穿全园,成为园中的主线,这种布局形式给人一种庄重、典雅、肃穆、整洁的感觉。

虽然中山公园具有休闲娱乐的功能,但是其与其他公园最大的不同就是具有特殊的纪念意义。天津中山公园与孙中山先生有着深厚的渊源,因中华民国元年(1912年)孙中山先生在该公园发表重要演说而知名。1912 年 8 月 24 日,孙中山先生应袁世凯之邀北上共商国是,并到公园出席官绅欢迎会,即席发表演讲。孙中山先生曾经两次在这个公园巡视演讲。公园的名称也是为纪念他而改的。

周恩来亦在孙中山先生巡视演讲的影响下,于民国四年(1915 年)6 月 6 日,为天津救国储金募捐大会,曾到过天津中山公园登台演讲,号召国民振兴国家经济,誓雪国耻,决不做亡国奴。他还写了《广募救国储金致友人书》作为宣传。

除此之外,天津中山公园是近代中国的一个请愿集会的场地。较著名的有于清宣统二年(1910 年)12 月在天津掀起的资产阶级立宪请愿热潮,当时在北洋法政专门学堂读书的著名革命家李大钊也以学生身份参加了请愿。还有在民国八年(1919 年)6 月 9 日天津各界人士在公园举行大会,声援北京爱国学生的"五四运动",要求取消丧权辱国的二十一条,并拒绝在巴黎和约上签字。

天津中山公园的牌坊是一种纪念碑式的建筑,具有很强的纪念性意义和景观引导作用。此外,天津中山公园内陈列着许多具有纪念意义的建筑,比如园内的碑亭(图8)、碑林展示区(图 9)等。

图 8 纪念碑亭

图 9 碑林展示区

天津十五烈士纪念碑位于现中山公园南侧，它铭刻着大革命时期牺牲英烈的光辉事迹。1931年，天津各界人士为纪念他们，在中山公园立碑公祈。此碑"文革"中被遗弃，埋入地下。1984年，天津市人民政府复立此碑，并列为市级文物保护单位。

2006年11月8日，孙中山先生铜像落成（图10），这是孙中山先生的孙女、美籍华人孙穗芳博士捐建的。该铜像表现了1912年孙中山在原河北公园演讲时的风采。铜像高2.2米、重2吨，安装在2.3米高的基座上。铜像背面篆刻了孙中山当年的演讲全文。

图10　孙中山铜像

3　天津中山公园的保护与传承

历史园林是超越时代的自然与文化的结晶，是融入风土文化的景观，是具有生命的文化遗产。历史园林在延续城市历史的过程中扮演着重要的角色。尊重历史、保护文化是一个现代文明城市的标志。中山公园无论建于何时、何地，无论它以怎样的纪念元素展现在公众面前，都有一个共同的特征就是纪念孙中山先生。中山公园凭借其产生基础和发展历史，不仅是城市变迁的记忆，更是城市发展的见证。

天津中山公园在最早期建园时，其面积比现在大将近3倍。随着城市化进程的推进，中山公园部分用地被征用，园内建筑物也被外单位占用。虽然中山公园在改造过程中立足纪念公园和历史文化名园主题，把埋藏在地下的文物、碑刻挖掘出来立在园内，但在完善公园的基础设施、提升公园的绿地水平、营造优美的生态景观等方面还存在不足。为了更好地传承中山公园的历史文脉，应从以下几方面着手：

首先，要有强烈的保护意识。要保护好中山公园这一园林文化标本，应提高认识，尤其是对中山公园在城市园林中的地位和作用的认识。把延续中山公园历史文脉、传承中西合璧园林、继承文化遗产当作重要工作来抓，把中山公园的保护和发展纳入城市园林发展纲要，做好规划。

其次，在对公园进行维护改造时，把保护放在首位，同时把握时代发展脉搏和游客的需求，增加一些必要的基础设施。不应该将公园绿地作为经营性用地，更不能破坏公园的自然和人文景观。

再次，公园在改扩建时，要明确"纪念性文化公园"的定位，突出"中山"主题，突出历史文化公园的主题，突出时代风格。把中山公园改造成为缅怀孙中山先生的纪念地、开展爱国主义教育的社会大课堂，同时也是市民游乐休憩的场所。

最后，开展符合历史名园自身定位的特色文化和旅游项目。在历史文化名园内，开展一些主题鲜明、积极向上、文明健康的文化活动，对于陶冶情操，实现社会主义精神文明有着十分重要的意义。比如，可以拍摄中山公园专题片，介绍天津中山公园的历史及人文精神，让游人更加深入地了解历史；也可不定期举办一些展览，如图书展、书法展、画展等，或者举办一些群众喜爱的健身项目。这些对于提高公园的知名度和影响力都有重要的作用。

参考文献

[1] 郭喜东.天津城市园林风格特色研究［J］.中国园林，2007，23（3）：65-72.

[2] 孙媛.近代天津华界第一座现代公园——天津劝业会场［J］.华中建筑，2018（6）.

[3] 孙吉龙，林建载.中山公园博览［M］.厦门：厦门大学出版社，2011.

[4] 林涛，林建载.故园寻踪——漫话中山公园［M］.厦门：厦门大学出版社，2014.

[5] 朱钧珍.中国近代园林史（上篇）［M］.北京：中国建筑工业出版社，2012.

The History and Inheritance of Zhongshan Park in Tianjin

Xing Lan

Abstract: Zhongshan Park, as a base to commemorate Dr. Sun Yat-sen and to promote his spirit, is a specific product of modern Chinese history and is distributed in various cities of China. The history of Zhongshan Park of Tianjin can be traced back to 1907. It is not only a memory of urban change, but also a witness of urban development. Tracing back to the historical changes and layout features of Zhongshan Park in Tianjin is of great significance to the prosperity of park culture in the new era and the inheritance of the cultural context of famous historical gardens.

Key words: Tianjin; Zhongshan Park; history; cultural characteristics; inheritance

作者简介

邢兰 / 女 /1987 年生 / 河北人 / 助理馆员 / 毕业于天津师范大学 / 硕士 / 现就职于中国园林博物馆北京筹备办公室 / 研究方向为园林历史与文化

人民公园的历史文化与景观

吕　洁

摘　要： 人民公园作为百姓休闲、娱乐、健身的重要公众场所，同时兼具景观、生态、文化、社会等多种功能，在人民群众的生活中扮演着越来越重要的角色。它不仅见证了一个城市历史发展的变化过程，同时也承载着城市发展变迁的印记。

关键词： 人民公园；景观；生态；社会价值

随着城市的快速发展，人民生活水平逐渐提高，现在的人们已经不仅仅满足于物质生活的富足，而且对身体健康和精神生活的追求有着越来越高的要求。再加上城市生活节奏快、工作压力大、休闲活动空间相对有限等特点，人民公园作为市民休闲娱乐的重要活动场所，其存在的意义和价值尤显重要。

很多城市的人民公园有着悠久的发展历史，有些人民公园的前身并不是公园，而是由动物园、私家花园、跑马场等逐渐变化发展而成为今天的人民公园。有些人民公园是城市重要历史事件发生的见证者，至今还保留着纪念碑、纪念亭、牌坊等历史文物。可见人民公园并不只是简单的休闲娱乐活动场所，也是城市历史发展变化的见证者。

1　历史溯源

尽管人民公园多数是在中华人民共和国成立后建立起来的，但其渊源往往可追溯至更早时期。新中国成立之初，百废待兴，一些经历战争沧桑而废弃的园林经过整理，改造成供人民使用的公园。私有制改成公有制后，一些私家花园也变身人民公园。更多的是随着社会主义建设，为满足人民文化和生活需要新建的人民公园。现举几个典型实例说明人民公园的不同历史发展类型。

第一类是改造而成的人民公园，原址具备公园建设的基本条件。公园的前身是富商或官宦人家的私家花园，属于私人所有，之后园主人将私家花园献给国家，经过重新规划改造之后，使之变成公有性质的公园并对外开放。例如天津人民公园的前身就是津门富豪大盐商李春城的私家别墅，名为"荣园"，天津人习惯称之为"李善人花园"，始建于清同治二年（1863 年）。新中国成立后，李氏后裔李歧美将荣园献给国家，人民政府对该园进行了全面规划改造，于 1951 年 7 月 1 日正式开放，更名为人民公园。1954 年，毛泽东主席亲笔题写了园名，这也是毛主席为我国公园的唯一题字。

江苏常州市人民公园，前身为武进县商会会馆花园。清光绪三十三年（1907 年）县商会会长恽祖祈择季子庙废址建商会会所，翌年以建会所余款辟后花园。民国二年（1913 年）对公众开放，同年 11 月租赁史义祠后空地筹建公园。翌年初公园初步建成开放，为常州市第一个公园，时称公花园。20 世纪 20 年代末 30 年代初，公园逐步衰败。1950 年后经人民政府多次组织修缮以及扩建，公园面积增至 34 亩，并定名为人民公园。

上海人民公园（图 1）园址为原上海跑马厅的北半部，上海开埠以后跑马场曾两废三建，第三跑马场（后称跑马厅）建于清同治元年（1862 年）。清光绪十八年（1892 年），公共租界游泳总会在跑马厅东北部辟建上海第一个游泳池，租用跑马厅跑道中央的土地建设一个体育公园性质的场地以供外国人游乐，并规定可以在场地内修建各种运动设施栽花种草，但不得种植高大树木和建筑房屋，以免影响观看赛马的视野。后来工部局把这片地块定名为上海公共娱乐场，随后正式对外国人开放。在公共娱乐场内，曾建过多个网球场、板球场，还有垒球场、足球场、高尔夫球场、马球场和自行车跑道，并在场内铺设了大量草皮，布置花坛、花镜。民国三年（1914 年），虹口娱乐场（今鲁迅公园）、极司菲尔公园（今中山公园）、顾家宅公园（今复兴公园）先后建成开放，从而使这个位于跑马厅中央的公共娱乐场逐渐减少了公园的色彩，成为单纯的体育运动场所。新中国成立后，上海市人民政府于 1950 年发文，明确规定跑马厅为绿地范围，不准建造有碍于绿化的任何建筑。1950 年，上海市军事管制委员会命令收回跑马厅产权，同年 9 月，市人民政府决定将跑马厅的南部辟建为人民广场，北部改建为人民公园，时任上海市市长的陈毅同志为人民公园题名。可见，这类人民公园改变了原来场所的性质和职能，经过改造后转变为人民公园。

第二类是新建的人民公园。如深圳市人民公园（图 2）始建于 1983 年，是随着深圳改革开放的进程而建立的公园，也是城市较早建成开放的公园之一，占地面积 12.95 公顷，其中绿地面积为 10.85 公顷，湖面面积约为 2.1 公顷，是一个以月季花观赏、栽培、研究为特色的公园，以安静休闲、陶冶情操为主要功能，服务市区居民为主的市级专类公园。全园划分为五个功能区：月季园景区、运动康乐区、游览休闲区、育种区及园务管理区，共有二十余处园林景点。园内湖泊纵横，湖岸蜿蜒曲折，拱桥、亭榭、湖水相映成趣，各种植物营造热带风情，营造出现代与传统融为一体的园林景观。

2 功能分区

各地人民公园的规划分区虽略有不同，但整体功能分区比较类似，主要有休闲区、观赏游览区、健身娱乐区、文化教育区，并设有应急避险绿地。这五大功能区组成了人民公园的基本功能分区，每个区域相对独立，但融合为统一的整体。

休闲区多建有小广场、亭子、石桌、石凳等，为市民下棋、打牌等休闲活动提供场所和活动设施。休闲区一般范围较大，活动场地较多，也较为开阔。观赏游览区大多景色宜人，四季景色如画，注重植物景观搭配、亭台楼阁、叠山理水等造景因素之间的搭配应用，使得一年四季均能呈现出具有不同季节特点的宜人景色。因此，人民公园的休闲游览区着重突出了其观赏性、可游性以及实用性。健身娱乐区是市民活动较为集中的区域，大多场地空阔，范围较大，植物对空地没有明显遮挡，方便市民进行太极拳、广场舞、健身操等健身活动的开展。各个公园内的健身娱乐区场地的规模大小和分布不同，为不同健身需求的市民提供活动场地。文化教育区是整个公园内庄严肃穆的区域，也是体现公园文化的核心和灵魂。该区域内往往保存有历史遗留的古代建筑、雕塑、碑塔、历史遗迹等，周边遍植青松翠柏，宁静肃穆。文化教育区的位置通常位于公园的某一处角落区域，与健身娱乐区的地理位置相对较远，方便游人瞻仰纪念。健身娱乐区绝大多数是建园后期重新规划改造的新增区域，无论是规划布置还是植物搭配都充分迎合了儿童以及健身人群的心理特点和实际需求。健身娱乐区建有多种类型的游乐设施和健身设施，有的还建有小型动物园，满足儿童和健身人群的多种需要，如图 3～图 5 所示。

人民公园作为百姓休闲娱乐的主要活动场所，其兼具的功能也是多种多样的。由于人民公园通常建园时间较早，因此选址往往位于城市中心。城市中心区域通常有绿地面积小、人流量大等特点，因此人民公园的一项重要功能就是改善城市生态环境、净化空气，扮演着城市"绿肺"的角色。山东淄博市人民公园就因为其突出的公园绿化建设先后获得了"中国人居环境范例奖"和"山东省文明公园"等荣誉称号。此外，随着社会的不断发展、百姓需求的不断增加，在某些人民公园内也自发地出现

图 1　上海市人民公园

图 2　深圳市人民公园

图 3　广东省东莞市人民公园内文化教育区雕塑

图4　江苏省常州市人民公园内的季子亭

图5　山东临沂人民公园健身娱乐区

图6　郑州市人民公园

了诸如英语角、相亲角等景观，为不同需求的人群提供社会活动场所，真正做到人民公园为人民。

3　景观营建

景观营造是人民公园中不可或缺的重要组成部分，公园内的植物栽种不仅仅要起到美化环境、净化空气的作用，还要充分适应当地的气候条件，注重植物的种类、颜色、造型之间的协调搭配，起到锦上添花的效果。

3.1　山水景观

叠山理水自古就是中国园林最常见的造园手法，这种手法在现代园林中的运用也非常普遍。园内的山水与其他景观相辅相成，互相烘托呼应。如河南郑州市人民公园（图6）建于1951年，位于市中心，其水系为引横穿郑州市的东风渠水系，人工挖凿的青年湖是园区最大的水面，位于公园的假山后面。湖上有小岛、水榭、亭、桥等，人工堆成的假山在湖边起伏并深入湖中，与对面

园亭相望，湖光山色，交相辉映。公园内水系蜿蜒，岩石耸立，亭台层叠，树木葱郁，鸟语花香，环境清幽，既有厚重的历史特色，又是闹市中的休闲圣地。

3.2　植物景观

3.2.1　园林植物种类

适合于园林种植的植物种类繁多，在不同地区园林植物种植要考虑的因素也不尽相同。华东地区由于气候温暖湿润，日照充足，雨量充沛，植物种类的选择范围较广，以悬铃木、香樟、雪松、广玉兰、桂花、枫杨、水杉等为主要树种，公园内，乔木、灌木、藤本以及草本植物一般均有种植，根据地势以及游客需求搭配种植。华南地区温差较小，气候温和湿润，光照充足，植物品种丰富，尤其以常绿树种居多，且植物生长势强劲。有南国情调的棕榈科植物，如大王椰子、银海枣是华南地区一大特色，风铃木、凤凰木、南洋楹、洋紫荆、黄槐花、细叶榄仁等，也是公园内常见树种。华北地区由于冬夏温差大，气候干燥少雨，在植物种类的选择上有一定的局限性。开放空间采用乔木、灌木及地被植物的复层栽植，以观赏特性鲜明的落叶植物形成主题种植，如海棠、丁香、桃花等，强调细腻的种植效果。乔木多选择冠大荫浓、少飞毛落果的品种，灌木及地被植物以柔和色彩为主。水体周边种植各种水生及湿生植物，形成特色的水景景观，如图7、图8所示。

3.2.2　植物造景特色

人民公园由于所处地理位置的不同，从北至南，植物种类的丰富性逐渐递增，植物的色彩以及层次感也表现得越来越明显，因此每个地区植物的区域特点较为明

图 7　江苏省靖江市人民公园内植物　图 8　浙江省嘉兴市人民公园植物
景观　　　　　　　　　　　　　　景观

显。各地的人民公园根据本地气候变化的特点，选择适宜本地种植的植物种类，再将植物色彩、种植形式、植物自身特点以及游客的游览需求有机地结合起来，形成植物层次分明、色彩搭配和谐、适应四季变化的植物景观。这既提升了植物的观赏性，又起到美化和改善环境的作用。

由于各人民公园内的小环境不尽相同，根据园内具体的建筑、水体、假山等的位置及环境种植植物，形成相辅相成、和谐统一的景观环境。无论是建筑置于林中，还是以植物衬托建筑，建筑与植物在形态、色彩和体量上均自然协调，错落有致。高大喜光的大乔木一般居于植物群落的上层，耐半荫的小乔木和花灌木位于中层，喜光的植物种类置于林缘，耐荫的植物则置于林下。尖塔形与广卵形相结合，阔叶树与针叶树相搭配，形成丰富的林冠线，常绿与落叶树搭配，季节相变化突出，春花、夏绿、秋色（实）、冬姿的植物景观吸引人们的眼球，游客在一年四季都能欣赏到各具特色的美景。

3.2.3　注重服务游人

公园里的植物景观除了体现其生态价值之外，还要服务游人，达到人与自然和谐共生的目的。因此，公园内影响植物种植的一个重要因素就是人。市民到公园的目的是休闲娱乐，锻炼身体放松身心。因此，植物的种植应该与园内不同的功能分区紧密地结合起来。例如儿童游乐区的植物种植要多从儿童及家长的角度出发，色彩艳丽的灌木植物更能吸引儿童的注意力，叶片尖锐的植物则不适宜种植在儿童游乐区。休闲区的植物高度和疏密程度注意合理规划搭配，营造出树荫便于夏季游人休闲、乘凉等。

4　结语

人民公园不仅仅是一座城市的记忆，也时刻记录着城市的发展和变化，人民公园的不断改造修缮，其目的都是与城市发展更融合，与百姓生活更贴近，满足百姓不同层次的需求，充分发挥自身的生态价值、文化价值、社会价值，达到人与自然和谐共处。

当然，人民公园也存在着一些不可忽视的问题。例如一些人民公园处于城市的中心区，人流量较大且流动性较强，公园对于这方面相应的管理措施如果没有跟上，市民游览公园的体验感和舒适度就会有所下降，还存在着安全隐患，因此对公园监控管理的力度需要进一步提高。还有个别人民公园的边界与周围建筑边界划分不清，园门口缺乏应有的公园标识和指示牌，导致人们对人民公园认识不清，需要集中规范地整理、解决，树立有明显标志的标牌。一些人民公园内保留有历史悠久的文物古迹，但对文物古迹的保护措施不够完善，需要下大力气进行保护修缮。此外，人民公园内普遍存在的广场舞、健身操等音响声量过大，进而扰民的问题，需要进一步规范游园管理。

参考文献

[1] 钟巍 . 浅谈城市中心公园植物配置——以济宁市人民公园为例 [J] . 中国园艺文稿, 2011（10）：116-117.

[2] 卢金荣 . 公园免费开放后管理措施探讨——以济宁市人民公园为例 [J] . 中国博物馆, 2012（8）：57-58.

[3] 齐英贺 . 公园植物配置结构及景观评价研究 [D] . 南京林业大学, 2015.

[4] 赵艾迪 . 城市特色与公园景观的融合——以河北新乐市人民公园为例 [J] . 中国园艺稿, 2014（6）：137-138.

[5] 胡冬香 . 广州人民公园景观浅析 [J] . 建筑, 2007（7）：115-116.

[6] 辛艳, 付丛丛, 于守超 . 聊城市人民公园使用状况评价研究 [J] . 山西建筑, 2016（2）：222-224.

[7] 张寒昱, 赵玮 . 浅谈城市开放式公园的个性化——以常州市人民公园为例 [J] . 科技信息 2013（8）：129

[8] 陈永宏 . 浅析公园景观的空间设计手法——以深圳市人民公园为例 [J] . 广东园林, 2009（4）：53-56.

[9] 郭喜东 . 天津城市园林风格特色探究 [J] . 中国园林, 2006（4）：65-72.

The History Culture and Landscape of Renmin Park

Lv Jie

Abstract: Renmin Park is an important public place for leisure and entertainment. It also has landscaping, ecological, cultural and social functions, playing an important role in the people's daily life. It not only witnessed the historical development of the city, but also bears the imprinting of the city development.

Key words: Renmin Park; landscape; ecology; social value

作者简介

吕洁 / 女 / 内蒙古人 / 助理馆员 / 硕士 / 毕业于内蒙古师范大学 / 现就职于中国园林博物馆北京筹备办公室 / 研究方向为园林历史文化

北京城市综合性公园的建设发展

刘 芳

摘 要： 城市的综合性公园建设是现代城市生活空间营建的重要内容，是改善生态环境、提高城市居民生活质量的公益事业，具有重要的社会、文化和环境保护功能。作为首批国家历史文化名城和世界上拥有世界文化遗产数最多的世界城市，北京的特殊历史沿革和政治文化地位，使北京城市公园的兼容性、独特性更加突出。

关键词： 城市；综合性公园；历史

1 城市综合公园概述

城市公园作为城市公共开放空间的重要组成部分，是随着城市的发展，随着民主思想意识的诞生而产生和发展起来的。城市综合公园是新中国最早建设的城市公园类型，是城市公园绿地系统的重要组成部分。按照住房城乡建设部颁布的《城市绿地分类标准》（CJJ/T 85—2017），综合公园定义为：内容丰富，适合开展各类户外活动，具有完善的游憩和配套管理服务设施的绿地。说明中提出，为了根据公园的规模和服务对象更合理地进行各级综合公园的配置，取消原标准中"综合公园"下设"全市性公园"和"区域性公园"两个小类。综合公园规模下限为 10 公顷，但考虑到某些山地城市、中小规模城市等由于受用地条件限制，城区中布局大于 10 公顷的公园绿地难度较大，可结合实际条件将综合公园下限降至 5 公顷。区域性公园面积相对全市性公园较小，按该区居民人数而定，服务半径约为一千米。

2 北京城市综合公园的发展

城市公园最直接地反映了人们对于一个城市特色的了解，来源于其独特的历史文化背景，而这种历史文化背景最直接地反映在城市的公园景观空间与建筑上，也包括历史上遗留下来的经过整理改造的近代园林或古典园林。其中作为城市公园较早出现的类型，综合性公园以其规模大、内容多、建设周期长，已经成为中国现代城市公园中最具代表性的类型。

2.1 北京历史园林溯源

北京的公园建设并不是一蹴而就的，尤其是历史名园，是在历代建设的基础上不断营建积累而成，特别是明清两朝的园林，为后来城市公园建设留下了宝贵遗产，对于丰富城市公园类型、优化整体城市公园格局起到了重要作用（表 1）。

清朝晚期，中国实行闭关锁国政策。鸦片战争之后，中国的大门逐步被打开，北京被迫从封闭的城市模式中走出来，逐步走向开放，就在这样的社会背景下，公园的概念在这一社会背景下传入北京。辛亥革命后，中华民国成立，原来为帝王服务的皇家园林已经不符合当时的需要，开始陆续向公众开放中央公园（1914 年）、天坛公园（1918 年）、颐和园（1924 年）、北海公园（1925 年）、京兆公园（1925 年）和景山公园（1928 年）等，完成了从禁苑到公园的功能转换。"公园"的出现，集中反映了从封建专政走向民主共和的政治道路，满足了人们在政治、文化、生活等方面的需要。

北京部分公园的历代建设情况　　　　　　　　　　　　　　　　　表1

公园名称	始建朝代	历史简介
八大处公园 香山公园	隋末唐初	八大处公园是一座历史悠久、盛名远播的山地佛教寺庙园林。园中八座古刹最早建于隋末唐初，历经宋元明清历代修建而成。1956年建成公园开放。 香山公园的历史可追溯到唐代，据明代成书的《宛署杂记》：妙高堂（香山寺中的一座建筑），在宛平县西四十里香山寺右，唐以来有之。后经金、元、明，清代达到鼎盛。1956年建成公园开放
北海公园 景山公园	金	北海公园与中海、南海合称三海，属于中国古代皇家园林。辽、金、元在此建离宫，明、清辟为帝王御苑，是中国现存最古老、最完整、最具综合性和代表性的皇家园林之一，1925年开放为公园。 景山公园是北京中轴线上的一个公园，为金代皇家苑围，称"北苑"，为金中都十二景之一
天坛公园 中山公园 月坛公园 地坛公园	明代	天坛公园内天坛为明、清两代帝王祭祀皇天、祈五谷丰登之场所，始建于明永乐十八年（1420年），清乾隆、光绪时曾重修改建。1918年辟为公园对外开放。 中山公园是一座纪念性的古典坛庙园林，原是明清两代的社稷坛。1914年辟为中央公园，1928年更名为中山公园。 月坛公园是明清两代帝王秋分日祭夜明神（月亮）和天上诸星宿神祇的地方，原名"夕月坛"，建于明嘉靖九年（1530年）。于1955年辟为月坛公园。 地坛公园是明清两朝帝王祭祀"皇地祇神"的场所，又称方泽坛，始建于明嘉靖九年（公元1530年），也是中国现存的最大的祭地之坛
颐和园 圆明园遗址公园 北京动物园	清朝	颐和园前身为清代皇家园林清漪园，始建于1750年。1860年被英法联军焚毁后重建，更名为颐和园，1924年辟为公园对外开放。 圆明园始建于康熙四十六年（1707年），由圆明园、长春园、绮春园三园组成，是清朝帝王在一百五十余年间创建和经营的一座大型皇家宫苑，1860年为英法联军烧毁。 北京动物园的历史可追溯到清朝光绪三十二年（1906年），当时被称为"万牲园"。其前身是清农工商部农事试验场，1949年定名为西郊公园，1955年更名为北京动物园（图1）

资料来源：根据文献整理。

图1　北京动物园

2.2　新中国成立以后的城市公园建设

1949年新中国的成立，标志着中国社会经济发展从此进入了崭新的历史时期，它不仅促进了我国城市发展发生了根本性的、质的变化，也影响了城市公园发展的性质，可以说是城市公园史上近代和现代的一个分界线，城市公园建设数量和质量呈现质的变化。1949年至1957年间，是国民经济恢复时期，这一时期主要以修缮解放前的城市公园，对皇家园林进行修缮为主，主要抢修了颐和园佛香阁等古建。同时开始现代公园的建设，城市公园系统也在这样的时代背景下建设发展，兴建并修缮了北京东单公园、陶然亭公园、日坛公园等公园，陶然亭、

紫竹院、玉渊潭、龙潭湖等全市性和区域性公园改善了公园的分布状况，还扩建了北京动物园，新建了北京植物园等专类公园。

改革开放以来，北京现代公园随着全国城市公园建设如雨后春笋般涌现，数量和质量有了显著提升，人均绿地面积不断增多，公园建设质量和水平明显提升，游艺性的主题公园也开始出现。

1989年至1990年，为迎接北京亚洲运动会，新建了"百花深处""城台叠翠"等20处景观。1999年，北京市为迎接新中国成立50周年，建设了朝阳公园、玉渊潭公园南门广场、中华民族园二期工程、北京植物园展览温室等重大工程。2001年，北京市政府提出为市民办60件实事，修建了皇城根遗址公园。此后相继修建了海淀公园、明城墙遗址公园、菖蒲河公园等，改善了首都生态环境，提高城市居民的生活质量。

2001年北京市成功申办2008年夏季奥林匹克运动会，《北京市城市总体规划（2004—2020年）》方案出台实施，在此契机下北京市着力建设成"绿色北京"，城市公园系统得到大力发展。奥林匹克公园和奥林匹克森林公园（图2）、永定门公园、南海子湿地公园等公园得到建设。

2013年5月，北京市举办第九届中国国际园林博览会，位于永定河畔的园博园正式向公众开放，面积267公顷，加上246公顷的园博湖，园博园共占地513公顷。同年11月，中国园林博物馆（图3）独立对外开放，这

图2　奥林匹克公园规划设计图

图3　中国园林博物馆

是北京生态文明建设的一项重大成果，也为北京城市增添了一张"绿色名片"。北京市城市综合性公园建设是对历史文化遗产的保护，古都风貌的保护利用与展示以及城市景观的美化共同构成了城市的意象。

3　北京城市综合公园建设发展

3.1　创建绿色、低碳、宜居的园林城市

生态文明建设是北京市建设国际一流的和谐宜居城市的战略定位，北京作为世界级特大城市，现代城市特性和历史特性并存，城市发展和环境之间的矛盾问题突出，城市需要朝着可持续、绿色健康的方向发展，以解决城市发展过程中的问题。公园城市建设对改善城市生态环境起到关键作用，有利于减少环境污染、净化空气、减少噪声、调节小气候。近些年，北京城市公园的建设在注重自然地理特性、气候环境、地域文化的基础上，充分发挥了可持续的生态环境作用，尤其在首都绿化景观增彩延绿、景观环境改造、净化游园环境、公园降噪等方面做出了突出贡献。

3.2　传承、保护、发展文化遗产和历史名园

"北京成为一个保有古都风貌的现代化大城市，这是中华文明的一张金名片，传承保护好这份宝贵的历史文化遗产是首都的职责"，这是习近平总书记在北京考察调研时作出的重要指示。人们对于一个城市特色的了解来源于其独特的历史文化背景，而这种历史文化背景最直接地反映在城市的公园景观空间与建筑上，也包括历史上遗留下来的经过整理改造的近代园林或古典园林。北京的历史名园反映着历史文化和城市风貌，体现着地域人文特色，因此应进一步传承、保护和发展历史名园，以世界文化遗产为龙头，推动历史名园的原真性、完整性保护和景观提升，服务首都核心功能，进一步助推北京中轴线申遗工作的落实。

3.3　强化公园管理，深化科普教育

古都北京建城三千多年，建都史逾860年，在其城市文脉上传承积累了大量的城市遗迹、民俗文化。未来北京城市综合公园建设应充分挖掘历史文化内涵，延续更新历史空间，传承民俗活动，建设有北京地域文化特色的城市公园系统。进一步强化科普建设，不断提升公众教育水平，举办活动、展览，宣传与之相关的历史文化，将物质文化遗产与非物质文化遗产结合利用，如陶然亭公园高君宇烈士墓、北京植物园"一二九纪念亭"等红色教育基地，开展主题教育。

当前我国社会主义建设进入新时代，从"十九大"报告和中央城市工作会议精神可以看出，满足人民日益增长的美好生活需要成为城市发展建设的根本目标。城市公园建设作为城乡发展建设的基础性、前置性配置要素，是城市公共服务体系的重要内容，更是"诗意栖居"的理想人居环境的关键组成。

参考文献

[1] 王石路 . 城市更新中的北京城市公园系统发展探究 [D] . 北京建筑大学，2016.

[2] 王女英 . 北京市城市公园时空发展特征及影响因素研究 [J] . 首都师范大学学报，2015，36（1）.

[3] 付晓 . 基于 GIS 的北京城市公园绿地景观格局分析 [J] . 北京联合大学学报（自然科学版），2006，20（2）：80-84.

[4] 李美慧 . 北京城市综合公园功能变迁研究 [D] . 北京林业大学，2010.

[5] 张天殊，王可心，李春辉 . 浅析现代园林的特征和发展趋势 [J] . 美术大观，2010(7).

[6] 侯仁之 . 北京城市历史地理 [M] . 北京 : 北京燕山出版社，2000.

Construction and Development of Beijing Urban Comprehensive Parks

Liu Fang

Abstract: The city's comprehensive park construction is an important content of the modern city living space.It is a public welfare undertaking that improves the ecological environment and the quality of life of urban residents.It has important social, cultural, economic and environmental protection functions. As the first batch of National Historical and Cultural Cities and the world's first-tier cities with the largest number of world cultural heritage, Beijing's special historical political and cultural status make Beijing›s urban parks more compatible and unique.

Key words: city; comprehensive park ; history

作者简介

刘芳 /1986 年生 / 女 / 北京人 / 助理经济师 / 本科 / 毕业于北京石油化工学院 / 现就职于中国园林博物馆北京筹备办公室 / 研究方向为园林文化、科普

皇家园林颐和园夜景照明工程设计美学与保护探究

荣　华

摘　要：颐和园集中国传统造园艺术之大成，是我国重要的文化瑰宝和世界文化遗产。本文以颐和园夜景照明工程设计为案例，回顾了颐和园夜景照明景观的历史沿革。从皇家园林夜景设计的指导思想、传承保护角度、创新发展趋势等方面，分别阐释了颐和园夜景照明对环境、古建、文物、植被的保护，对皇家园林夜景意境营造手法的传承。从夜景照明的开放公益性、安全可靠性、科技智能性、生态环保等属性进一步总结和探究，提出基于颐和园皇家园林的夜间景观营造模式，为今后提供借鉴意义。

关键词：颐和园；古典园林；夜景照明；美学；保护

颐和园古典皇家园林夜景照明既是传承又是"活态"利用与发展的创新，使传统历史文化在现代科技手段下焕发新的活力，强调"让文物活起来"，同时历史文物形成不同于日间景观的夜景美。随着城市进步与发展，夜景照明工程在城市环境方面发展较快速，而在古典园林景观照明上的发展一直处于谨慎、尝试的态度。其中颐和园作为世界文化遗产，是我国古典园林的杰出代表，具有极强的范本性和典型性。

以颐和园为样本，科学指导古典园林的夜景照明设计，从而达到用灯光恰当充分地展现中国古典园林夜景美的目的，使其既符合我国古典园林的传统审美情趣，同时又能合理安排灯具设施，不影响日间景观与古建筑的防火安全等设计规范，达到世界文化遗产的合理利用与保护。

1　颐和园清末、民国时期夜间照明史料研究

颐和园前身为清漪园，1860 年被英法联军焚毁，后来慈禧挪用海军经费将其重建，于 1888 年建成并更名为"颐和园"。据文献记载，清漪园时期的夜景照明主要以月光、焰火、灯笼、油灯、荷灯为主，具体灯具样式有连贰灯、宫词灯、洋漆灯、画片灯等，配以皇家园林常用的建筑、山石、道路等要素进行夜间景观营造；颐和园时期的夜景照明主要以焰火、灯笼、油灯、电灯为主，

灯具样式有万年长春富贵灯、万年如意灯、福禄寿灯、牌楼灯、桃子灯、描金灯、宝盖灯、龙灯、络灯等，如图 1 所示，配以建筑、植物、山石、道路、游船等要素烘托和营造夜间景观。1889 年，李鸿章从德国购买全套电气照明设备安装在颐和园的主要殿宇之后，园内设置了"电灯公所"。1891 年，颐和园电灯公所建造工程竣工，并应用电灯进行夜间照明。1901 年，颐和园修复部分损坏的电灯，重新订购发电设备。1904 年，在园内安置电线、机器，邀请洋工匠对排云殿附近区域安设发电设备。据 1905 年的《大公报》记载，当时颐和园有电灯一千九百余盏，每日需煤一万斤。1941 年，建设总署督办谐趣园内电灯设备工程。

（a）仁寿殿内电灯　　　　　（b）乐寿堂内电灯

图 1　颐和园灯具样式

2　颐和园夜景主要影响因素

2.1　建筑布局

颐和园不仅是为帝王提供物质和精神享受的场所，同时还是帮助帝王更好协调各方面矛盾，即"内圣外王"的模式。前山中央建筑群是园中最重要的社会公共空间，有一条明显贯穿排云殿、佛香阁、长廊、湖心岛的中轴线，显然这是符合礼制秩序的一种布局方式，体现了皇家的威严与皇权的至高无上，如图2所示。后山水面狭长曲折，环境优雅，坐落于此的苏州街和谐趣园等建筑则是更富于江南园林意趣，布局自由，庭院幽静，与前山形成鲜明对比。

图2　颐和园前山中央建筑群轴线几何对称关系

通过上述对颐和园整体美学思想的简要分析，不难发现皇家园林的审美标准既要兼顾皇家之风范，政治之需要，又要收纳万景之精华，展江山之多姿，而在对颐和园进行夜景照明时也应体会这种审美之心。美的意境表达，总是要通过一定的物质载体才能够实现。因此必须恰当合理地选择园中应该被照亮的元素，在夜间重现皇家建筑的恢弘气势和自然山水的婉约清丽，方能显出整体夜景美。

颐和园万寿山和昆明湖所构筑的真山真水让颐和园具有自然山岳湖泊的壮阔之美。万寿山尽管不够高峻，但却是全园的最高点。因山而置的建筑群沿中轴对称，更是突出了万寿山的全局领率地位。所以，万寿山中轴线上以佛香阁为中心的建筑群体，是全园夜景营造的构图中心，不论在亮度上还是色彩上，都要凸出于园内其他景观要素。昆明湖主要由长廊、东堤和西堤围合而成，夜景要表现出昆明湖的景观层次特点，在湖面背景下把握好西堤、堤上的桥、湖中的岛、岛上建筑物之间的关系，形成环湖之景，从而保持水面景观的完整性，再现昆明湖自身造景意境，如图3所示。

2.2　建筑色彩

园中建筑黄色的屋顶、红色的柱子、白色的须弥座交错成文，形成鲜明的色彩对比效果。同时建筑风格多样，东部的宫殿区和内廷区是典型的北方四合院风格，多个封闭院落由长廊联通；万寿山北麓是西藏喇嘛庙宇风格，有白塔和碉楼式建筑；园中北部的苏州街和谐趣园则是店铺林立，水道纵通，又是典型的江南水乡风格。在对园中各式建筑进行夜景照明时，要针对其各自特点。如颐和园东部建筑群，其主要功能是居住而非观赏性景观，因此该处的夜景照明既要体现宫廷居住建筑的礼制等级观念，又要营造出舒适宜人的居住氛围。

2.3　植物配置

花草树木是构成园林景观四大要素之一。它既有美化环境、供人鉴赏的作用，也有调节和保护环境的功效。树木种类繁多，千姿百态。其照明方法应根据被照对象的高矮、大小、外形特征和颜色区别对待，用相应的光源和灯具来显示树干、树枝和树叶的形状及其颜色特征。比如阔叶型树木，可将灯隐蔽在树丛中，自下向上照明树叶，造成树叶的透亮效果和树枝的剪影效果。路边成排而又不太高大的树木，可用埋地灯照明，具有很好的透视效果，如图4所示。

3　夜景照明工程设计与实施

3.1　夜景照明设计框架

颐和园是中国古代皇家园林的设计典范，现存园林及蕴涵其中的造园哲学是中国古代珍贵的物质和文化遗

图3　颐和园山水夜景

图4　颐和园西堤绿化夜景

产。以颐和园的造园思想、造园规划和造园手法为重要设计规划依据，充分表现中国古典园林的美学思想和艺术精髓，以及皇家园林的雍容华贵和"幽燕沉雄气"；并在继承和发扬中国古典园林美学思想的基础上，用灯光塑造符合现代审美需求的城市夜景照明的人文景观，最大限度地呈现文化精髓，保持文化尊严，实现文化体验的精品化，商业开发的科学化。

3.2 夜景照明设计中需解决的问题

3.2.1 光污染的控制

目前干扰光、逸散光、眩光、天空发亮等都属于光污染范畴，会对人及其周边环境造成重大影响。因此在进行夜景照明设计时必须认识到这一问题的严重性，以绿色照明理念为基础，减少甚至避免光污染的出现。为控制光污染，在颐和园夜景照明中采取区域照度控制等级的方法，如图 5 所示。

█ 一级亮度区域   ▨ 二级亮度区域   ▨ 三级亮度区域

照度值约为   照度值约为   照度值约为
200～300Lux   150～200Lux   100～150Lux

图 5 颐和园区域照度控制

3.2.2 节约能源

减少照明工程中的能源消耗可以减少电厂的发电量，节约运行开支，体现一种内在的可持续性。好的照明设计，其检验标准之一就是整个照明系统应具有较强的耐久性，并要易于维护。这也是一种可持续设计方法。一个能长时间使用而花费较少精力去维护的体系是经济的，并间接地具有很高的环保价值。在设计中要充分考虑灯具的使用寿命、灯具类型以及在设计规划中长期维护所需费

用等问题。采用标准化灯具，尽量减少灯具类型从而提高设计效率和简化安装程序，这些都构成了可持续照明设计的组成部分。因此应鼓励采用可再生能源和可持续发展技术，尤其是在光电系统方面，提倡发展有助于环境保护的生产工艺。

3.2.3 建筑保护和生态保护

颐和园内不仅有大量的历史古迹，同时也是许多珍稀动植物的生存场所。因此对夜景照明方案的环境影响程度分析评估十分重要。园区内的历史古迹遍布而且动植物种类繁多，每个景点都有自己的环境特点，因此必须针对各个景区的特点选取适合的照明方法，使夜景照明一方面能够达到预计的照明效果，又能有效地降低照明对建筑和生态环境的破坏。

3.3 技术解决思路

3.3.1 照明指标的控制

丰富的生态系统是颐和园的重要组成部分。目前，在颐和园有记录的鸟类近 200 种，常见的约 60 种，分别属于游禽、涉禽、陆禽、猛禽、攀禽、鸣禽等六大生态类群。这些鸟类在颐和园有的是常年留居，有的是夏候、冬候，也有的是春秋出现。植物生态系统方面，颐和园的古树以松柏为主，总计一千五百余株，主要分布在万寿山山体前后，形成了"前柏后松"为主基调的植物群落。

此外，油饰彩画作为颐和园园林建筑艺术的重要表现手段，在历代匠师的精心锤炼下，取得了高度的技术和艺术成就，是颐和园这幅绝美山水画卷中一道独特的风景，不仅是中国园林建筑油饰彩画宝库中一笔巨大的财富，也体现了中国园林文化、建筑文化和建筑装饰艺术等方面的精神和理念，如图 6 所示。

因此，针对颐和园丰富的生态系统以及珍贵的古建油饰彩画需通过研究并分别制定相应的照明指标体系及限制原则来指导颐和园夜景照明的设计和施工，具体见表 1。在具体照明设计及施工中根据各区域照明主体、照明载体的不同情况，按照照明控制各方面指标，逐项进行评价定位，最后得到既达到保护性原则，又能切实指导该区域照明设计的控制指标等级。

图 6 颐和园长廊彩画灯光照明

保护性夜景照明设计指标　　　　　　　　　　　　　表1

照明对象	等效照量			灯具相关				光源
	照明主体表面最高照度（lx）	照射时间（h）	每天等效照量（lx×h）	照射距离	灯具安装限定（文物保护级别）	灯具外形、位置限制及日间处理措施（风貌）	安全等级	光谱限制（紫外线、红外线）
古树	<10	<2	<50	禁止对其进行直接照明			灯具及管线电气安装满足颐和园消防安全要求	严格控制在450～650nm
重点古建筑及其油饰彩画	<200	<3	<500	禁止近距离照射	禁止破坏文物的灯具安装	照明设施远离古建文物，并考虑日间对景观的影响		不含有紫外线低温光源

3.3.2　新技术的使用

现代夜景照明美学是建立在照明新技术的基础上，随着照明科技的不断发展和高新照明成果的出现，将会有力地推动夜景照明技术的进步，使夜景照明的技术与艺术水平越来越高。

将新型照明技术用于颐和园夜景照明的艺术表现，将新技术美所体现的特征与颐和园本身的美统一起来，可以多层次地展示其夜间的光影形象，体现出强烈的时代感，增加颐和园夜景照明的吸引力。这些新技术不仅能创造新的艺术表现形式，而且能创造新的艺术表现内容和审美价值，如图7所示。

体现技术美的一个关键点是对于新型照明光源和灯具的选择。要对光源功率和光色、灯具配光曲线、灯杆类型、地埋灯深度等进行细致的研究及权衡。在保护要求高的地点采用可倾倒灯杆、超薄地埋灯具等工艺。体现技术美的另一个关键点是利用计算机软件对夜景照明进行数字化分析和仿真设计，如图8所示。

3.3.3　评估工作的完善

为保证照明设计方案的科学性以及最终实施方案的准确性，必须合理完善整个设计与施工过程中的评估工作。评估工作内容主要包括对照明主体、照明载体的评估，生态环境的影响评估，具体照明施工措施评估，对环境风貌的影响评估，安全性评估。

整个评估工作包括设计阶段与施工阶段。设计阶段的评估工作主要是针对照明设计方案的合理性进行评估，针对照明评估体系各项指标，结合计算机模拟技术以后溪河沿岸水平照度模拟结果为例，如图9所示，对照明方案各项指标进行评估，确保设计方案在保证照明效果的同时又不会对颐和园古建以及生态环境造成破坏；施工阶段的评估工作主要是为了验证照明设计方案是否得到准确实施，并对照评估体系各项指标对施工后方案进行实地测量与调试。

3.3.4　新照明理念的应用

设计理念的创新，是源于对其所处社会时代各方面状况的了解，而且是对当时比较尖锐问题的了解，并由此而衍生出的全新设计理念。比如纵观夜景照明发展历程，能够发现以前的夜景照明只是亮度高色彩炫，人们就会觉得很美。但现在对于这样的照明方式人们并不给予认可。这就是因为社会时代的变化，导致了人们的审美理念从追求单纯技术表现转变为追求良好的整体夜景氛围。因此在对古典园林进行夜景照明设计时，照明

图7　颐和园苏州街效果图

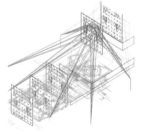

图8　AGI照明软件分析模拟图

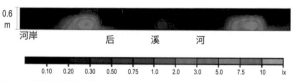

图9　后溪河沿岸水平照度伪色图

理念也必须与时俱进。

3.4 夜景照明工程的实施

在工程开工前广泛进行调研和论证工作，2015—2016年间颐和园多次召开夜景照明设计方案专家论证会。委托天津大学编制《古建筑及环境保护评估分析报告》，从全园古建筑文物保护、园林环境保护、照明施工对古建文物的影响、照明设备对颐和园风貌景观的影响、照明工程的安全措施等五个方面对颐和园夜景照明模式进行了评估。并委托具有相关资质的公司编制《夜景照明可行性研究报告》，对项目的必要性、可行性、传承保护性等方面进行分析。综合专家等各方意见，最终形成了一套较为系统且符合颐和园实际的照明建设方案。在尊重颐和园固有的传统夜间景观的基础上，制订长期的夜景照明总体规划，指导全园夜景照明工程统一、持续、高效、有序推进。对公园内的灯具、灯杆样式、照明控制方式和施工安装方法进行统一布局，较好地保证了公园内夜间景观在视觉表达上的一致性和历史传承延续性。通过调节西堤沿线照明设备角度等方式突出植物景观的丰富层次，设定夜晚游船线路时从视觉景观考虑，采用近景与远景互相依托、相互映衬的手法，表达颐和园特有的文化内涵和夜游意境，营造出符合皇家园林独特气质和园林文化内涵的夜间照明景观，有效做到了颐和园从白天到夜间的景观延续，体现皇家园林意境烘托和景观营造手法的传承，如图10所示。

颐和园夜景照明建设方案以充分保护自然为前提，所有的安装铺设都是可逆的，合理布局灯光位置和线路，行之有效地避免了灯光对环境所造成的污染和侵害。受到工期、资金、人力、物力、自然环境等因素影响，颐和园夜景照明工程存在施工工期紧、工程内容多、施工区域广、游客量大等不利因素，施工困难多，保护难度大，夜景照明工程采取分期建设、分区管控、分级保护的策略保证工程的顺利开展。

颐和园夜景照明工程从整体宏观上对全园实施三级区域保护，通过对建筑体量、位置、功能等诸多因素进行分区考量，在分级、分类的基础上确定了不同建筑、不同功能区域的照度、色温，万寿山佛香阁区域为一级亮度区域，苏州街及十七孔桥为二级亮度区域，西堤、东堤、后溪河沿线和长廊沿线为三级亮度区域。又从局部细节上进行各个节点的有效保护，有针对性地针对古建植物、动物、水体采取不同的保护措施，加强光照控制；对建筑立面绘有油饰彩画的古建筑及构筑物，夜景照明中其表面照度不高于200lx；严格控制泛光灯的安装角度和灯具遮光角，避免对皇家园林古树群落的直接照射，古建周围散布的古树景观受到的间接照度不高于5lx，且此类区域照明时间小于2小时；园内古建筑的照明光源都使用低紫外线低温光源；公园中重要古建景观区域的照明设施，为避免影响日间文物环境风貌，应尽量减少灯杆的数量或采用可拆卸灯杆；所使用灯具全部满足相关安全等级要求；选用高光效光源及低功率灯具节约能源，并降低热辐射对照明主体的影响，如图11所示。

颐和园实施的夜景照明工程是一次对中国古典皇家园林有效利用、保护与发展的有益探索，工程运用环境最小干预原则、与环境协调统一原则、生态性原则和可持续发展等原则，贯彻保护为主、合理利用、加强管理的指导思想，将景观照明对颐和园古建、植物、文物、生态环境的影响减至最低。通过采用简练有效的灯光手法、合理运用多种照明方式、按需选择调节照度、智能控制灯光关闭等手段，对古建、水体、绿化等表达载体进行灯光演绎，建立了古典皇家园林的夜景照明模式，并融入园林文化元素，增添皇家艺术色彩，展现了公园历史文化、节能生态的特色，有效地保证了全园文物古建安全，更满足了游客在晚间行走时的道路通行安全和公益性照明属性，形成白天赏景、夜晚观灯的景观效果，丰富了颐和园特有的形象展示手段，打造出皇家传统文化传承和创新的新高度。

图10 颐和园廓如亭、十七孔桥及南湖岛区域夜间照明方案效果图与实际对比

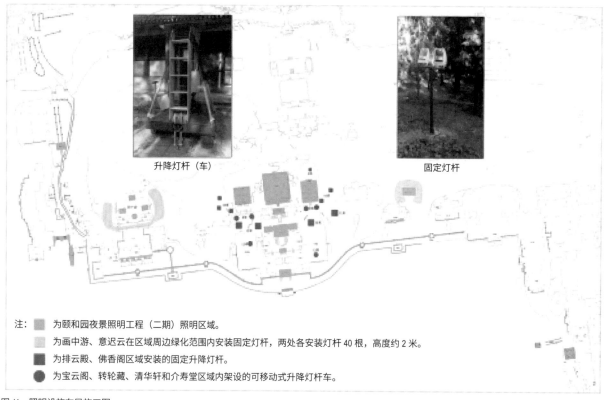

升降灯杆（车）　　　　　　固定灯杆

注：⬜ 为颐和园夜景照明工程（二期）照明区域。

⬜ 为画中游、意迟云在区域周边绿化范围内安装固定灯杆，两处各安装灯杆 40 根，高度约 2 米。

⬛ 为排云殿、佛香阁区域安装的固定升降灯杆。

⚫ 为宝云阁、转轮藏、清华轩和介寿堂区域内架设的可移动式升降灯杆车。

图 11　照明设施布局施工图

Study on the Aesthetics and Protection of Royal Garden Night Lighting Design - Take the Summer Palace Lighting Project as an Example

Rong Hua

Abstract: The Summer Palace is a masterpiece of Chinese traditional gardening art and an important cultural treasure and world cultural heritage in China. This article takes the scenery lighting design of the Summer Palace as a case study, and reviews the historical evolution of the evening landscape of the Summer Palace, the guiding ideology of the royal garden nightscape design，inheritance protection angle, and innovation development trend, etc., respectively, explain the protection of the environment, ancient buildings, cultural relics and vegetation in the night lighting of the Summer Palace, and the inheritance of the artistic night scenes of the royal garden. We further summarize and explore the attribute, from the open public welfare, safety and reliability of night lighting, the characteristics of science, technology intelligence, and eco-environmental protection. And the night landscape construction mode of the royal garden based on the Summer Palace is proposed, which will provide reference for the future.

Key words: Summer Palace; classical garden; night lighting; aesthetics; protection

作者简介

荣华 / 女 / 研究生 / 高级工程师 / 北京市颐和园管理处建设部主任 / 长期从事文物古建修缮及基础建设等工作

北宋皇家园林艮岳造园要素浅析

夏　卫

摘　要：北宋皇家园林艮岳是一座集山石花木、奇珍异兽于一身的人工山水园林，满足了帝王造园、游赏之功用；其千岩万壑、筑山结构之精巧，展现了这一阶段皇家园林的风格特征和宫廷造园艺术的最高水平，塑造了全新的皇家园林造园理念并被后世所传承。本文试通过山水地形、人造景观与置石、动植物、建筑几个方面，分析艮岳园林要素之特点。

关键词：艮岳；北宋；皇家园林；园林要素；宋徽宗

1　艮岳概述

北宋皇家园林艮岳于宋徽宗政和七年（1117年）兴工，宣和四年（1122年）竣工，初名万岁山，后改名艮岳、寿岳，或连称寿山艮岳，亦号华阳宫。1127年，金人攻陷汴京后艮岳被拆毁。园林兴废，世俗盛衰，反映在了艮岳从建成到被毁的短短十年间。艮岳因其在宫城之东北面，按八卦的方位，以"艮"名之。[①]

艮岳兴毁于北宋末期，如今已荡然无存，通过复原研究去追溯这座举世闻名的宋代山水宫苑既十分重要又十分困难。通过探析艮岳占地面积及形制范围、各景点数目及详细位置、建筑形制等环节，有利于我们进行还原艮岳园林面貌的尝试，并在日后探索中国古典园林自然山水风格、宋代皇家园林造园定式及其对后世的影响等问题提供材料。

2　徽宗时期社会背景及其造园意图

宋代经济繁荣，科技进步，文人寄情山水的社会背景促进了中国古典园林进入成熟期。具体到园林之中的建筑技艺、观赏树木和花卉栽培技术、造园叠山置石，再到寄托于园林中的诗词歌赋、琴棋书画、花鸟虫鱼的文人精神生活，在这一时期得到了长足的发展。

北宋时期的园林兴盛，皇家园林主要集中在东京城内外，数量及规模虽不及秦、汉、隋、唐各朝，但景物的精致程度明显超过前代，人们的审美情趣也从豪迈转至细腻柔美，塑造了全新的皇家园林造园理念。在宋代生活用器中不乏见有人物楼阁、园林景致的纹样出现。正如 Derek Clifford 对宋元雕漆人物楼阁纹样的总结，尽管布局和场景表现或有出入，但无不涵盖以下构图因素：山石小景、繁荫佳木、曲苑风塘、亭台水榭。[②]无论是院体书画，还是园林传统，生活用器之题材无不反映当时的社会文化并受其影响。这些文人题材的表现，不仅体现当时纤丽雅致的审美行为和装饰风格，也反映出了普遍的文人思想与趣味。这种思想及取向的背后，正是宋代修文偃武、园林兴盛的大氛围所造就的。[③]

宋徽宗赵佶（1082—1136 年），北宋末代皇帝，书画家。徽宗在文化艺术上有极高的造诣，他对书法、绘画、音乐、戏曲等艺术有广泛的爱好，召使文臣编辑御府所珍藏的书画、古器物为《宣和书谱》《宣和画谱》和《宣和博古图》，在书画上尤显其超人的才华。徽宗时期，是院体画的鼎盛期。科举还专设"画学"一科，要求考生画出诗句意境。依靠宋代文化事业极度繁荣以及政府高度重视，宋代绘画艺术取得了空前的成就，山水画、花鸟画的发展在宋代达到了艺术高峰。

---

① 周维权.《中国古典园林史（第三版）》.清华大学出版社，2016 年，279 页。
② Derek Clifford.《Chinese Carved Lacquer》, chapter5, London:Bamboo publishing Ltd, 1992, page 46-47.
③ 袁泉.《时代下的漆工，漆工中的时代》.九州学林，2007 年，5 卷（2）期，222-227 页。

北宋统治者继承了唐朝崇奉道教的政策，宋真宗和宋徽宗掀起了两次崇道热潮，宋徽宗自称神霄君临凡，册己为"教主道君皇帝"，通过将自己"神"化，加强和巩固统治者的专制政权；同时加强编修道藏，大建宫观。"京城东北隅，地协堪舆，但形式稍下，倘少增高之，则皇嗣繁衍矣。"[①]宋徽宗采纳道士刘混康进言，以求多子稳固江山为由，兴建艮岳。

3　艮岳园林要素及特点

艮岳在历史环境和宋徽宗的影响下，形成了独特的园林要素及特点。

3.1　山水地形

艮岳由景龙江分割为南、北两个部分，园址面积约合50公顷（其中南半部38公顷），园垣周围约合5.6宋里，[②]是一座著名的人工山水园，山体先筑土、后加上石料堆叠而成[③]，主山始名凤凰山，取象杭州凤凰山，主峰最高点九十尺，上建"介亭"。艮岳余脉延展，其左翼为来禽岭、梅岭，右翼为万松岭接续西部山岭，南面则为寿山与北面艮岳遥相呼应，寿山之外有南小山（又名芙蓉城）。全园山体次峰、岗阜、余脉脉络连贯，形成众山环列、山体围合的形制（图1）。

艮岳之水源为东京里城北垣外的景龙江，《御制艮岳记》载"北俯景龙江……其上流注山间，西行潺湲，为漱玉轩。"江水汇入桃溪进入南部园区，向西经漱玉轩分流，一支分溪进入洞天景区艮岳与万松岭形成的隘口，经过圃山亭景区进入大方沼；一支向西并沿万松岭向南，在上下关处进入平陆区域，并最终汇入雁池中。园内建造的水系形态多样，包罗江、湖、沼、溪、渚、瀑、池、泉等多种内陆天然水体形态，几乎囊括了所有自然山水成景的理想地貌。水系与山系配合形成一套"山中包平地，环以嘉木清流"的山水布局，其布局特点形成了山体围合的壶中空间与山体之外的壶外空间，壶中天地象征仙界尘外，壶外天地寓意人间。[④]

艮岳全园随山水形制因地制宜，根据植物配植或游赏、使用功能，所创作的景物形成了不同的园景特色，可划分为多个景区（图2）：

北有介亭屹立之凤凰山；南有双峰嵯峨之寿山；东山高峰峙立、道盘行、木栈险危；西岭绵亘数里设两关以增其险，山景各不相同。濯龙瀑"喷泉飞雨洒晴空"、南山乌龙瀑"双峰并峙，瀑布下注其间"形成的山瀑景区；

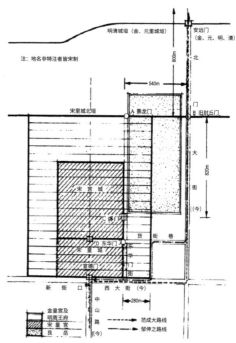

图1　艮岳地望推测图（改绘自：朱育帆《关于北宋皇家苑囿艮岳研究中若干问题的探讨》）

图2　艮岳结构图（改绘自：朱育帆《艮岳景象研究》）

---

① （宋）张淏.《艮岳记》，丛书集成初编，商务印书馆，1936年12月.
② 朱育帆.《关于北宋东京艮岳范围的探讨》.建筑史论文集，2000年2期，91-101页。
③ "梁师成主作役，筑土山以象馀杭之凤凰山。其最高一峰九十尺，山周十馀里。"见蔡绦《宫室苑园篇》，（清）黄以周等辑《续资治通鉴长编拾补》卷三十四，中华书局，2004，第1102页。
④ 朱育帆.《艮岳景象研究》，北京林业大学，1997年，123页。

西岭"水出石口，喷薄如兽面"的白龙渊、濯龙峡形成的峡谷景区；雁池、大方沼、凤池间河流相通，连成一体，形成的池沼景区；东山麓下，植梅万数之梅岭、梅岗、梅池以及萼绿华堂等建筑，形成以梅花取胜的景区；山之西种植有各种药草的药寮，形成药用植物区；种植禾、麻、麦、菽等农田的西庄，形成室若农家的村舍之景。

同时，艮岳园中的建筑景观，如寿山"介然独出诸山上"的介亭、来禽岭东部梅岭上藏书、读书之书馆，依据不同的园林功能需求，配合全园山水地形之构造，列布上下，成为独具特色的建筑景区。

3.2 人造景观与置石

3.2.1 人造景观

艮岳掇山叠石之精巧反映了北宋时期造园技艺的发展水平。宫苑之中掇山在垒土积石的基础上构建石洞。《癸辛杂识》云："万岁山大洞数十""直行南山，开门飞栈，岩穴溪涧悉备。有一洞，口纔（才）可纳两夫，而其中足容数百人。""斩石开径，凭险则设磴道，飞空则架栈阁"[①]从文中开凿可纳百人规模的山洞、夹悬岩设磴道的山石悬挑等技术，可以推想，完成这样一座山水复合之园的叠造难度。

艮岳首创的人造"云雾"景观，通过油绢囊储集"贡云"及炉甘石、雄黄的使用为艮岳山石中增添了人工云雾效果，同时也反映了皇家用度奢靡的一面。

（1）"云"——据《齐东野语》卷七《三赠云贡云》载，"宣和中，艮岳初成，令近山多造油绢囊，以水湿之，晓张于绝岩危峦之间，既而云尽入，遂括囊以献，名曰贡云。每车驾所临，则尽纵之。须臾，瀚然充塞，如在千岩万壑间。"

（2）"雾"——据《癸辛杂识》前集《艮岳》载，"万岁山大洞数十，其洞中皆筑以雄黄及炉甘石。雄黄则辟蛇虫，炉甘石则天阴能致云雾，蓊郁如深山穷谷。"炉甘石为碳酸盐类矿物方解石族菱锌矿，主含碳酸锌（$ZnCO_3$）。炉甘石的妙处则在于下雨时，石头遇水会冒烟，云蒸霞蔚，恍如仙境。

人工景观中的木柜瀑布（紫石壁）也颇具特色，《华阳宫记》载，"山阴置木柜，绝顶深池，车驾临幸……开闸注水而为瀑布"。通过山顶蓄水泄水的机关营造的人工瀑布之景，取思巧妙，可算是当时的水景工程了。[②]

在构建艮岳园的过程中，以高超的造园技术通过人力

创造自然景观，增加了恍如仙境的缥缈之感，进而营造了宋徽宗作为"神霄皇帝"在人间居住神霄世界的画面感。

3.2.2 置石

通过置石以点缀风景园林空间的手法在艮岳中得到了充分展现。置石包括特置、对置（立于沃泉者，曰留云、宿雾[③]）、列置（独神运峰……锡爵盘固，侯居道之中，……其余石或若群臣入侍帷幄[④]）、散置等形式。

特置石峰不失为艮岳园林的特色及代表。欣赏特置石峰始于南朝，盛于唐代，至宋代则十分普遍。宋徽宗好搜取瑰奇特异之石以资欣赏，"花石纲"这一历史事件便反映了宋徽宗为满足其喜好大肆搜罗奇花异石之举，可见置石在其造园活动中的大量运用。从其所绘《祥龙石图》（图3）及文献分析中推测，艮岳特置石峰的风格崇巨、崇怪、崇奇。

艮岳中的特置石峰一些布置于华阳宫入门口驰道上，这些石峰体量巨大，神运峰"广百围，高六仞"，"玉京独秀太平岩"、"卿云万态奇峰"皆作亭束庇之。还有一些特置石峰分布在壶中的轩榭径庭、渚泉池洲，棋列星布，并皆予赐名。如立于池中的"翔鳞"石，附于池上的"乌龙"石、"伏犀"石等。[⑤]宋徽宗选得六十五石，逐一封爵题名、铭刻于背[⑥]，并依形绘成图，定名为《宣和六十五石》，载于明代林有麟《素园石谱》（图4）。

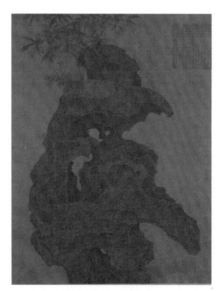

图3 祥龙石图局部（图片来源：故宫博物院藏 宋徽宗《祥龙石图》）

① （宋）蔡绦.《宫室苑园篇》，续资治通鉴长编拾补，卷三十四，中华书局，2004年，1102页。
② 朱婕妤.《寿山艮岳造园技法在开封古城更新中的运用——以艮岳园及艮岳园林博物馆设计方案为例》，2015中国城市规划年会.2015年。
③ 僧祖秀.《华阳宫记》.东都事略，第一百零六卷、列传八十九《朱勔传》，二十五史别史.齐鲁书社，2005年5月第一次印刷，909-912页。
④ 同上
⑤ 朱育帆.《艮岳景象研究》，北京林业大学，1997年，125页。
⑥ "独神运峰，广百围，高六仞，锡爵盘固侯，居道之中，束石为亭，以庇，高五十尺，御制记文亲书，建三丈碑，……惟神运峰前巨石，以金饰其字，余皆青黛而已，此所以第其甲乙者。"见（宋）张淏《艮岳记》，《丛书集成初编》，商务印书馆，1936年12月。

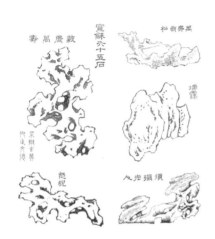

图4　《素园石谱》宣和六十五石（图片来源：明林氏原刻本《素园石谱》）

书中的记载不仅使我们得以窥探艮岳园中奇石之面貌，还可作为宋代皇家园林置石的宝贵参考资料。

3.3　动植物

艮岳植物景观丰富，形成花木漫山遍野、沿溪傍陇、连绵不断的景象。通过整理文献资料记载，目前总结艮岳园中植物品种七十余个，包括乔木、灌木、果树、藤本植物、水生植物、药用植物、草本花卉、木本花卉以及农作物等，许多园内景区、景点、园路都是以植物之景为主题，如：梅岭、杏岫、丁嶂、龙柏陂、斑竹麓、万松岭、海棠川、梅渚、桐径、松径、百花径、合欢径等。"花石纲"之"花"正是宋徽宗大肆搜罗奇花异木造园的反映，可见艮岳花木种类之繁。

植物的配置有孤植、夹植（如松径，《艮岳百咏诗·松径》："夹路成行一样清，吟风筛月自亭亭"）、群植（如梅岭，《艮岳百咏诗·梅岭》："东则高峰峙立，其下则植梅以万数"）、混交（如丁香径，《艮岳百咏诗·丁香径》："下丁香之密迳，有间植之松杉"）等方式。园中植物景观配合全园主题，有"皇嗣繁衍、江山永固""皇家仙境、世外桃源"[1]之寓意，又能与园景很好结合，增加了园林的诗情画意。整体植物配置合理，注意遵循生态习性，花卉的配置应用已相当娴熟。

宋代果树花木栽培技术日益兴盛，《洛阳花木记》一书载有四时变接法、接花法、栽花法、种祖子法、打剥花法、分芍药法等。艮岳中的植物不少是从南方的江、

浙、荆、楚、湘引种驯化的，生长地点不同，气候不同，对园艺技术是一个极大的考验。而这些花木能"不以土地之殊，风气之异，悉生成长养于雕阑曲槛"，可见宋代园艺之发达。

艮岳植物名录见表1。

艮岳园中之奇珍异兽"动以亿计"，《宋史·地理志》载，"及金人再至，围城日久，钦宗命取山禽水鸟十余万，尽投至汴河，听其所之；……又取大鹿数百千头，杀之以饷卫士云。"由此可见园中蓄养禽鸟大鹿的盛况。在文献中以禽鸟、蜂蝶以及山庄与西庄农家景观中的鸡犬为主要描写对象，虽不能全面展现园中各种属动物，却为园中的动物与景观的搭配提供了资料。艮岳不再是继承园围豢养禽兽进行狩猎的传统，更多的是将园中放养以及栖息的动物作为欣赏对象，融入艮岳全园的景观之中。艮岳动物名录见表2。

园中禽兽有的还加以驯养，山内设有动物管理机构来仪局，由一位擅长训练鸟兽的薛翁负责掌管。这些受过特殊训练的鸟兽，能够毕集迎人，在宋徽宗游幸时列队接驾朝圣，谓之"万岁山瑞禽迎驾"。[2]

亭台楼阁、芬芳馥郁、莺燕飞鸣、嘁嘁浮泳，艮岳向人们展现了一派诗情画意、生动自然之景。

3.4　建筑

艮岳景观中，建筑类景点数量为74处，建筑类型主要有（括号中的数字为对应的建筑数量）：

亭（30）、堂（6）、馆（6）、轩（4）、厅（4）、楼（3）、关（2）、庵（2）、阁（2）、门（2）、寮（1）、台（1）、殿（1）、斋（1）、闸（1）、庄（2）、肆（1）、观（1）。

建筑在艮岳景点中占了很大比重，足以证明其在艮岳景观中的显要地位，可谓山水"以亭榭为眉目"，以"得亭榭而明快"。同时建筑建造不同于一般宫苑建筑，是根据造景需求随形而设，自然成景。艮岳建筑风格素朴与奢华并存，有雁池北岸绛霄楼之金碧镂饰，洞天景区圈山亭之玛瑙遍饰；亦有西庄、药寮、江北竹林之雅素质朴，"……列诸馆舍台阁。多以美材为楹栋不施五采。有自然之胜"。[3]其建筑风格同时向我们展现了皇家园林之皇权用度和自然山水园林之超脱。艮岳建筑之功用充分发挥着"点景""观景"的作用，除此之外还有读书贮画之书馆、奎文楼、萧闲馆；品茗之泛雪厅、炼丹之炼丹亭；饮酒之高阳酒肆等。以建筑为围合的庭园整体环境，

---

① 朱育帆.《艮岳景象研究》，北京林业大学，1997 年，130 页。
② "艮岳初建，诸巨珰争出新意事土木。既宏丽矣，独念四方所贡珍禽之在圃者，不能尽驯。有市人薛翁，素以豢扰为优场戏，请于童贯，愿役其间，许之。乃日集舆卫，鸣骅张黄屋以游，至则以巨梓贮肉炙梁来，翁效禽鸣，以致其类，既乃饱饫翔泳，听其去来。月余而圃者四集，不假鸣而致，益狎玩，立鞭扇间，不复畏。遂自命局曰'来仪'，所招四方笼畜者，置官司以总之。一日，徽祖幸是山，闻清道声，望而群翔者数万焉。翁辄先以牙牌奏道左，曰：'万岁山瑞禽迎驾。'上大喜，命予之官，赉予加厚。"见（宋）岳珂：《程史·万岁山瑞禽》，中华书局，1981 年 12 月第 1 版，第 106 页。
③ （宋）蔡绦.《宫室苑园篇》，续资治通鉴长编拾补，卷三十四，中华书局，2004 年，1102 页.

艮岳植物名录 表1

编号	古名	学名/拉丁名	科属名	配植地点
1	鸭脚	银杏 Ginkgo biloba	银杏科 银杏属	杏岫
2	松	Pinus	松科 松属	万松岭、松谷、松径、倚翠楼、两关、萧森亭、漱玉轩、萧闲馆、忘归亭、丁嶂
3	桧、栝		柏科	八仙馆、胜筠庵、芸馆
4	龙柏	龙柏 Sabina chinensis 'kaizuka'	柏科 圆柏属	龙柏坡
5	辛夷	木兰 Magnolia liliflora	木兰科 木兰属	辛夷坞
6	仙李	李 Prunus salicina	蔷薇科 李属	仙李园、林华苑
7	丹杏	杏 Prunus armeniaca	蔷薇科 李属	杏岫
8	梅、绿梅	梅 Prunus mume	蔷薇科 李属	梅岭、梅岗、梅渚、梅池、萼绿华堂、芸馆
9	仙桃	桃 Prunus persica	蔷薇科 李属	桃溪、林华苑、桃花闸
10	绛桃、碧桃	碧桃 Prunus persica 'Duplex'	蔷薇科 李属	雨花岩、岩春堂
11	蟠桃	蟠桃 Prunus persica var. compressa	蔷薇科 李属	蟠桃岭、蟠秀亭、八仙馆
12	枇杷	枇杷 Eriobotrya japonica	蔷薇科 枇杷属	枇杷岩
13	海棠	海棠 Malus spectabilis	蔷薇科 苹果属	海棠川、海棠屏
14	梨、雪香	梨 Pyrus	蔷薇科 梨属	雪香径
15	腊梅	蜡梅 Chimonanthus praecox	蜡梅科 腊梅属	蜡梅屏
16	合欢	合欢 Albizia julibrissin	含羞草科 合欢属	合欢径
17	檀	黄檀 Dalbergia hupeana	蝶形花科 黄檀属	芸馆
18	南烛	南烛 Vaccinium bracteatum	杜鹃花科 越橘属	药寮

注：据《艮岳植物名录》（朱育帆《艮岳景象研究》）改制。

艮岳动物名录 表2

编号	古名	学名/拉丁名	科属名	出现地点
1	雁、鸿	雁族 Anserini	雁形目鸭科 雁族	雁池
2	凫	鸭族 Anatini	雁形目鸭科 鸭族	雁池
3	鸥	鸥科 Laridae	鸥形目欧科	回溪
4	莺	黄鹂科 Oriolidae	雀形目黄鹂科	寿山
5	燕	燕科 Hirundinidae	雀形目燕科	—
6	杜鹃	杜鹃科 Cuculidae	鹃形目杜鹃科	海棠屏
7	鸟	—	—	梅渚
8	鱼	—	—	砚池
9	蜂	Hymenoptera	膜翅目	玉霄洞、腊梅屏
10	蝶	Lepidoptera	鳞翅目	玉霄洞
11	蝉	蝉科 Cicadidae	半翅目蝉科	—
12	鸡	雉科 Gallus	鸡形目雉科 原鸡属	西庄
13	犬	犬科 Canidae	食肉目犬科	西庄、山庄
14	鹿	鹿科 Cervidae	偶蹄目鹿科	—

为园内栖居的文人的日常生活提供了适宜便利的空间，同时建筑背靠自然山水景观，以形成完整景观序列。[①]

需要指出的是，由于艮岳缺少文献材料及图像的记载，无法对艮岳建筑形制、尺寸进行系统地复原研究，在此仅通过文献及宋代绘画材料对其特色建筑形制进行浅显推敲，列举几例为还原艮岳建筑面貌特征提供参考。

艮岳建筑平面有圆形（八仙馆）、八角形（圆山亭）、四方形（巢凤阁）；组合式建筑平面有半月形（书馆）等，如图5，图6，图7所示。

圆山亭

"造碧虚洞天……建八角亭于其中央，榱橑窗楹，皆以玛瑙石间之。"[②]圆山位于碧虚洞天景观中，众山环之。亭制为八角亭，小木作及铺地以玛瑙石为装饰。

书馆

"有屋内方外圆如半月，是名书馆"。[③]书馆位于梅岭之上，儒家意境，是园中藏书、读书之所，建筑组合平面形制为半月形，回廊屈曲因山势岩阜高低与主体建筑相连成环坐之势。此后半月形建制还成为后世皇家书馆建筑的一种固定模式，如清西苑琼华岛的"阅古楼"、圆明园汇芳书院的"眉月轩"、避暑山庄山近轩的"延山楼"等。

绛霄楼

绛霄楼位于寿山北坡囉囉亭以北，道家意境，"绛霄"亦称九霄，指天空极高处。天之色本为苍青，称之为"丹霄""绛霄"者，因古人观天象以北极为基准，仰首所见者皆在北极之南，故借南方之色（丹、绛）以为喻（见明王逵《蠡海录·天文类》）。其主要功能是徽宗游弋之所，同时登楼以享受令天下趋之若鹜的仙境景象，展现了宋徽宗"神霄世界"的美好愿望。[④]《艮岳记》中记载，"北直绛霄楼，阁蛮崛起，千叠万复不知其几千里……"，

故绛霄楼应为一大组建筑群中的核心建筑，势极高峻，朱栏金碧，规模庞大，是艮岳第一名楼。宋代大型建筑多采用九脊殿（歇山）屋顶，笔者推测绛霄楼应为重檐歇山式十字脊顶制式。

4　结语

艮岳是一座集山石花木、奇珍异兽于一身的人工山水园林，把大自然生态环境和各地的山水风景加以高度概括、提炼的典型。宋徽宗《御制艮岳记》中夸耀此园的假山囊括了雁荡山、凤凰山、庐山的奇伟壮丽，水系则堪比黄河、长江、三峡、云梦泽的旷荡秀美，艮岳一园纳四方之景，兼容并蓄，宛如一幅精美的立体山水画。其精巧质美、文人山水之特色代表着北宋皇家园林的风格特征和宫廷造园艺术的最高水平。在宋徽宗崇尚道教及形神并举的艺术主张下，艮岳造园活动在其手法、审美、园林活动中展示了道法自然，追求自然清净、含蓄澹远的审美情趣。[⑤]其功能不同于传统园囿作为贮藏、狩猎场所，逐渐偏重于追求自然的观景、游赏功用。

在造山置石方面，艮岳的营造使欣赏山石蔚然成风，带动了后世叠造石山的风气观念和意识。在建筑基址环境方面，艮岳呈现出一定的风水格局，是宋徽宗集合所有祥瑞之物所构成的象征系统，向世人展示他统治下的理想世界。同时，其布置也都充分考量了基址的自然环境和景观，值景而造。在顺应自然、因形就势的营造意识下，风景园林建筑营造的独特匠心。

艮岳吸收了文人山水的造园理念，园林被独自栖身于园林的文人作为其室内空间的延伸，因而承载了文人居园的日常生活和其"壶中天地"的美学观，[⑥]反映了宋人寄情山水的择居理想。

  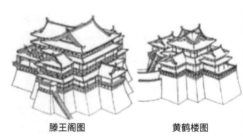

图5　书馆："外圆内方"建筑形制《江山秋色图》（局部）（图片来源：故宫博物院藏 赵伯驹《江山秋色图》）

图6　城门：宋绍兴二年《平江图碑》所示府衙子城城门楼台（引自：潘谷西、何建中《营造法式解读》）

图7　楼、阁：宋画中的组合式屋面（引自侯幼斌《中国建筑美学》）

滕王阁图　　　黄鹤楼图

---

① 毛华松，梁斐斐，张杨珏．《宋画中的园林活动与园林空间关系研究》，西部人居环境学刊，2017年32卷2期，32-39页。
② （宋）僧祖秀．《华阳宫记》，东都事略，第一百零六卷、列传八十九《朱勔传》，二十五史别史，齐鲁书社，2005年5月第一次印刷，909-912页。
③ （宋）张淏．《艮岳记》，丛书集成初编，商务印书馆，1936年，12月。
④ 朱婕妤．《"道"思想对寿山艮岳营造的影响》，2015中国城市规划年会，2015年。
⑤ 王卫娜．《宋徽宗造园思想研究》，天津大学，2013年，122页。
⑥ 同①。

参考文献

[1] （日）冈大路著；常瀛生译. 中国宫苑园林史考 [M]. 北京：农业出版社，1988.

[2] 贾珺. 中国皇家园林 [M]. 清华大学出版社，2013.

Analysis of Garden Elements and Characteristics of Gen Yue

Xia Wei

Abstract: The royal northern song dynasty garden of Gen Yue is an artificial landscape garden integrating mountains, stones, flowers and trees, exotic animals in one, which satisfies the function of emperor building garden and visiting. The exquisite structure of all kinds of rocks and mountains shows the style characteristics of royal gardens at this stage and the highest level of the art of royal garden building, which shapes the new concept of royal garden building and is inherited by later generations. This paper summarizes the characteristics of the Royal Gardens in the period of the Northern Song Dynasty by analyzing the landform, man-made landscapes and stonework, animals and plants, and architecture, in order to provide information for the restoration of the Gen Yue.

Key words: Gen Yue; Northern Song Dynasty; Royal Garden; Garden elements; Emperor Huizong of Song Dynasty

作者简介

夏卫 /1991 年生 / 女 / 北京人 / 本科 / 毕业于首都师范大学 / 就职于中国园林博物馆北京筹备办公室 / 研究方向为文物与博物馆

韩国传统园林思想及空间构成特性

李元浩　金东贤　金在雄

摘　要: 韩国传统园林的构成要素分为建筑物、水、植物、点景物等，在选址和空间构成方面受阴阳五行思想及风水地理思想的影响，并且引入了中国的神仙思想、隐逸思想和儒家思想。

关键词: 韩国；传统园林；构成要素；思想

1 绪论

近年的韩流热潮使世人也增加了对韩国园林的关注度。为了推进韩国园林的国际化，各种研究以及多种现代园林设计涌现出来。作为园林事业的一环，为了国家以及城市间的友好合作关系，自1972年于土耳其首都安卡拉建造了一所韩国园林之后，在其他20个国家建造了40处海外韩国园林。但是，由于外国人对于韩国的传统文化理解度不足，部分当地人或许会将其认作东方园林或新事物的一部分。现存的韩国传统园林多为王族或士大夫等上流社会所建造，其中，士大夫们建造的别墅园林占大多数，以楼亭为中心的山水园林不计其数。另外，昌德宫后院及景福宫以庆会楼为中心的宫殿园林，仍位于城市中心，维持着当时的面貌。

现今对于韩国传统园林蕴含的思想及意义、空间选址及构造等研究，多为以特定事例为中心，或对总体性内容的研究，而实际上对韩国传统园林的特征并没有明确的界定。园林的构造要素以当时建造者的园林观形成的思想及观念为媒介，为了增加对韩国传统园林的理解，需要先对园林构成要素中所蕴含的意义及特性进行研究。本研究将分析影响韩国传统园林建造的思想，并研究原型建造中表现出的特性的各种构成要素。

2 研究方法

本研究分析了韩国传统园林的相关文献及以往的研究，并对其蕴涵的思想、选址、空间构成、园林中运用的空间构成要素等特性进行了研究和总结。

3 结果与分析

3.1 韩国传统园林蕴涵的思想

韩国传统园林自古代自然崇拜思想中衍生，以阴阳五行说及风水地理说为基础，以及与中国形成的直接或间接的关系，引入了神仙思想和隐逸思想。在多种思想理念的发展及融合过程中，营造者们以建造园林的形式追求自己的乌托邦。早期韩国园林主要是祭祀天神、敬畏自然的产物，为最高统治者的占有物。韩国人认为天地万物充满正气。构成阴阳五行说的火、土、金、水、木等五行的相生相克关系，与阴阳伦理相结合，形成了新的解释自然现象的理论，并成为决定园林空间的特定方向，以及色彩等的基础理论。

风水地理以阴阳五行为基础，体系化的传统伦理构造由地理中的山、水、方位、人的组合等形成。风水分为阳宅风水和阴宅风水，其中阳宅风水在园林选址过程中，认为自然为生命体，所以园林建造在不会遭受破坏的地势上，若有相对险峻的地势，则会有鼓舞气氛的裨益，以及非常强烈的可以缓和气氛的厌胜等活动。

如果说阴阳五行说及风水地理说极大地影响了园林的选址，神仙思想和隐逸思想、儒家思想则对园林的空间构造及园林设施的引进影响颇深。

韩国传统园林中所反映的神仙思想，由建造者追求长生不老的神仙世界的建筑哲学而形成，因此出现了诸如洞天、九曲等空间体系，三神山、吉祥文字和十长生等也成为园林的构成要素。另外，在享有园林的过程中，营造者将自己比喻为神仙等对神仙世界的愿望在多种有关园林的记载中得到证实。

隐逸思想以"无为自然"为精义，理解道，并跟随道的思想而生存。这在传统社会的自然观中得到了具体体现，道家生活也在园林的建造中起了重要作用。隐逸思想引导人们走出对现世的关心和对名利的欲望，并进行自我解答。代表性的事例有官场中辞职的士大夫、归乡的官员以及遭到流放的士大夫们，挑选对于隐居生活景色较为出众的地方建造的别墅园林。

得益于中国宋代程朱理学的兴起，儒家思想发展成为宇宙与人的关系、政治与社会实践相结合的体制性的理论。儒家思想由三国时期传入韩国，到朝鲜时代程朱理学被奉为国家理念，当时士大夫们的自然观及人格修养成为探究的对象，朝鲜时代人们对于儒家教理的陶醉甚至超过了儒家思想的发源地中国，由此设立了许多书院及乡塾。私家园林的身份构成及男女有别的思想对于空间位阶设定等韩国园林的建造起到了莫大的影响。一方面，儒家伦理观中的孝顺思想在园林空间内得到体现，与随着时间推移进行全面的改建和修缮、甚至场所发生变化的外国园林不同，韩国的传统园林作为颂扬祖先痕迹的场所，后代们将恢复祖辈的园林境域为目的进行修建活动，通过外院，即面向外部的空间的扩散，来维护其原有的价值。

3.2　韩国传统园林的选址及空间构造

韩国传统园林选在森林茂盛的山麓、清澈的小溪流淌、奇岩怪石围绕的地方，灵活使用自然形成的地形地势，最小限度地进行人工改造，这便是表示人类对自然的敬畏，将人类作为自然的一个要素进行同化的建造原理。而且，韩国传统园林选址重视将人工同化到自然的建造思想。受阴阳五行思想及风水地理思想的影响，背山临水成为方向设定的基本思想，通过北宋周敦颐（公元1017—1073年）的《太极图说》可以看出，园林的建造以人与自然的和谐为根本，不破坏地势，地势险峻的地方则对自然状态进行最小程度的裨补。

韩国传统园林的空间构成方面，建造者的自然观、宗教及思想等起主要作用，受中国制度影响的政治社会制度的规则，以及身份位阶等对园林的位置和规模也有所限制。根据空间上背山临水的风水理念，建筑物与后山相接之处要建造后院或花坛，园林前面还会修建四角形水塘等。另外，受儒家思想的影响，园林根据男女、身份阶层，由行廊房（下人的居住空间、仓库）、舍廊房（男主人的居住空间）、内堂（女主人的居住空间）、祠堂（祭祀祖先牌位的空间）、别堂（家长或老母亲的居住空间）

等建筑位置及用途各不相同的院落相结合而构成，特别是园林空间的院墙或根据建筑而被分割的建筑线中延长出的平面构造，单纯而简洁。考察空间的各个类型可看出，书院及寺刹等大多修建在与其本来的特性相符的景色秀丽的山野，特别是这两种园林相似的对称美及树木的象征性被刻画出来。古老的森林作为自然圣地具有神灵性，王陵作为王和王妃的墓地具有虔敬性，这些都与树林一起被保护下来。

3.3　韩国传统园林的构成要素

3.3.1　建筑物

建筑物作为决定园林空间特征的主要要素，根据利用目的及特性，分为具有通道功能及具有装饰性的门，具有景观鉴赏价值的楼、亭、台，居住目的的堂、斋、殿等类型。韩国没有特别为园林而建造的建筑物，住宅和亭子等都具有相似的屋顶及木结构形式。门大部分为木质，也有部分为墙砖或石头，部分私家园林中也可见到荆条门。门有圆形的满月门，以及将石材修整为"∩"形的有昌德宫的不老门等多种形态，还有描写花纹、动植物等透刻装饰的门楣，以及丁字形、格子形等几何学纹路的门楣，这些门饰与栏杆共同作为装饰传统建筑的要素而被使用。

楼则大部分平地而起，石砌而成，下部有台，上部为两层形态的楼阁建筑。亭则为以休息为目的而在景色优美的地方修建的建筑物。亭子在平面上大多为正四角形、长方形、六角形、折形、丁字形、多角形、扇形等，与此相似的特殊形态的亭子大部分在宫殿或官衙中可见。

台，以登高望远的鉴赏功能为根本，在园林内多以绝壁或大石而命名，有时也会加以人工设施。台在景观鉴赏功能之外，还可观察天文，或进行监视活动等。

堂的意思为正室，大部分位于中轴线上，呈对称结构，大多为两边都有房屋构造，也有少数房屋偏重于一侧。斋为大部分儒生们进行修身的简洁房屋，大多建在偏远闲寂的地方。这些与建筑目的相符的代表性事例有书院的斋室。殿为王或王妃以及灵位或遗像供奉的地方，殿的大小并不重要，但必须位于建筑中位阶最高的位置。

3.3.2　水

水与园林内的其他要素不同，作为动的景观，韩国传统园林中的水以流淌、积聚、漫溢、滴水等形式遵循常理，以其自然面貌展现。在一般韩国传统园林中，为了直接利用自然溪流，将园林选在有溪水的地方，周围用墙砖做围墙，有时也运用自然溪流的落差而形成瀑布。利用水的其他园林设施还有莲池及水路、石池等，利用这些设施并赋予其象征性，使其同时具有实用性和欣赏功能。

池塘根据其形态，分为方池、曲池及不规则型池。

方形的池塘是最为常用的形态，与周围的建筑物形态一致，根据天圆地方说，有时也在方形的莲池中心修造圆形的小岛。曲池根据自然形态而修建，有体现自然景观的莲池和湖水，或在自然溪流中建堤坝，使其根据时节不同展现多样的水景观。此外，不规则型池塘利用直线型湖岸及曲线型湖岸作为一个整体的水景空间来展现，并使其位于建筑周边的建筑延长线上，以直线型构建的自然曲池的形态，而且在建筑上可以眺望到。水路为园林内鉴赏自然溪流的一种方法，为了能将溪流引入园中，可以挖空院墙下部，或用竹子等制作引水凹槽，或建造水曲渠。特别是水曲渠，由中国王羲之（公元307—365年）的《兰亭集序》传入，并发展成为曲水流觞宴的场所。

石池为将石雕置于水中，鉴赏其在水面上投影的设施。其主要为无法修建池塘的花阶中所建，根据投影的自然现象而对石池进行命名。此外，在寺刹的石池中种上莲花，可称其为石莲池，表面浮现着的莲花纹络不仅具有景观效果，还强化了莲花所赋予的佛教的象征性。

3.3.3　植物

园林中最重要的材料为植物。植物不仅可供观赏，还可隔声、防风、防尘、屏蔽、遮荫等，随着季节的变化，景观也具有多样性。由此，植物的利用范围非常广泛。

韩国园林中的栽培场所考虑其土质和功能，植物的生长、质感、形态等而修建，并灵活运用花、树、藤蔓等要素。栽培位置及方位的选定则以儒家教理为基础，综合考虑风水地理说及阴阳五行说、生态特性及选址环境等复杂要素。士大夫们根据花木的生长特性及形态，将其比喻为君子。园林相关文献中根据等级分流，对于各个树种的特性及栽培方法有着详细的叙述，由此可以看出园林家们对植物的关注度之高。

花大多种植在院子前的围墙下或后园等的附近，抑或做成盆栽或花坛的样子。特别是多年生花卉要种植在怪石周边或假山山脚、大树之前，从而达到空间上的协调；在土地难以加高种植大树的狭窄的空间，多修建花坛或种植多年生花木。

树木的利用根据种植方法分为群植、单植、补植。群植大部分以园林空间为背景而形成葱郁的树林。单植为需要强调一棵树时使用的方法，如位于莲池内的小岛上的树，或可以象征节气的私家园林或别墅园林内的梅花、松树等。此外，书院或乡塾也会在入口处种植银杏树。补植则用于花木作为其他物品的配景时所用，一般同时栽种古树和放置石制品。

藤蔓植物一般置于较高的搁板或院墙、篱笆或缠绕在大树上。私家园林中的长春、黄瓜、葫芦等爬长在园墙上，也会准备搁板，从而使五味子和葡萄得以生长。

3.3.4　点景物

为了增加园林景观的鉴赏价值而引入的点景物，有时也会变成园林内的焦点景观要素，同时与周边的景观共同构成整体景观，比如假山和怪石、石塔和平床、桥等。此外，烟囱或院墙上的装饰性要素也属于点景物的范畴。

假山和怪石为将石头或树木等自然物进行缩小表现的人工点景物，从而使人们不仅可以鉴赏平面型的山水画，还可以观赏被缩小的自然景观，同时也象征着自身生活在神仙世界中。假山根据材料的不同分为石假山和木假山，也有将玉进行雕琢而成的玉假山。朝鲜中期以后，假山的营造逐渐变少，逐渐转向容易引进的奇石。在中国比较流行的奇石样式被引进和重组之后，可以用特置、群置、散置、叠置等方法制成各种形状，有时也与树木一起竖立放置，或用作石函等具有象征性的要素。

石塔和平床为休息设施中的一部分，石塔是不经过加工的大石板或庭岩（又宽又平的大石板）等的自然岩板，有时也用经过打磨的厚石板。平床则为用树或竹制作的床形状的休息设施，在宫殿园林到私家园林等各种园林中都可见到。特别是在私家园林的院落中设置的平床，也可作为日常的生活家具，还可以卧观夜景。

桥可根据材料分为土桥、木桥、石桥等，亦可根据形式分为平桥和拱桥。此外，还有因特殊目的而修建的船桥和悬桥。桥除了可以通行，也可作为园林与外部空间进行区分的隔断。宫殿中的桥需选择与王宫的权威和品位相符的设计，并具有辟邪功能；寺刹园林中则需表达从俗世转入净土的意义的要素，锦川桥便具有象征王陵墓区起点、前面便是神圣区域的意义。

烟囱为暖炕形式的韩屋（韩国传统房屋）中排放烟气的设施，根据地区、朝代、身份不同，烟囱的材料、大小、形态和模样也各不相同。宫殿或上流社会的私家园林、别墅园林等使用砖石等高级材料，私家园林中则使用黏土或与瓦等垒砌而成。烟囱除了可以排放烟气，还可以作为景观的一部分，置于花阶上部，或与屋瓦一起形成图案从而成为园林内的竖直式景观。烟囱修建为园林空间的立面，还可起到对空间进行遮蔽或分割的作用。烟囱大多为用土堆砌的泥墙或混入石子的土石墙，但在宫殿中则用砖垒砌，有时还会镶有图案；寺刹或书院等多用瓦，有时也会在墙上加以图案。

4　结论

本研究为加强对韩国传统园林的理解，对园林中蕴涵的思想及园林构成要素的特性总结如下：

首先，韩国传统园林经过了自古代的自然崇拜思想开始，以阴阳五行说及风水地理说为基础，在与中国的不断交流中，神仙思想及隐逸思想、儒家思想等的传入与重组的过程。建造者们希望通过园林实现各种思想理念，希望建造属于自己的乌托邦。

其次，韩国传统园林的选址和空间构成方面所体现的特征，如：利用自然地形地势，最小限度进行人工改造；选址背山临水；以儒家教理为基础；根据营造者的身份、性别等进行空间区分及位阶设定等。

再次，韩国传统园林的构成要素分为建筑物、水、植物、点景物等。为了与其他景观相配合，园林中的建筑物维持最小规模，并根据不同目的做成多种类型。园林中引入的水和植物等自然要素也以风水地理说和神仙思想，以及宗教性意义为基础，严格遵守其秩序和原则。另外，憧憬自然和追求协调、体现神仙世界、实现长生不老等愿望，也在园林内设置的点景物的形象和设计中得以体现，从而完成其象征性的体系。

参考文献

[1] 国立文化财研究所. 关于韩中日园林原形的基础研究 [R]. 韩国国立文化财研究所，2013.
[2] KIM YOUNGMO. 容易知道的传统园林设施词典 [M]. 东边，2012.
[3] JUNG JAEHOON. 韩国传统园林 [M]. 造景，2005.
[4] 韩国传统造景学会. 东洋造景文化史 [M]. 大家，2009.
[5] HEO GYUN. 韩国的园林，君子踱的世界 [M]. 别的世，2002.

Korean Traditional Garden Thought and Spatial Composition Characteristics

Lee Won-ho Kim Dong-hyun Kim Jae-ung

Abstract: The elements of Korean traditional gardens are divided into buildings, water, plants, scenery and so on. In terms of site selection and spatial composition, they are influenced by Yin-Yang Five Elements and geomancy, and they also introduce Chinese immortality, seclusion and Confucianism.

Key words: Korean; traditional garden; constituent elements; thought

作者简介

李元浩 / 博士 / 韩国文化财厅国立文化财研究所
金东贤 / 韩国文化财厅国立文化财研究所
金在雄 / 韩国文化财厅国立文化财研究所

立地条件特殊性对新疆特色园林景观的影响①

孙 卫 冯 军 陈进勇 黄亦工

摘 要: 论文分析了以气象要素为主的太阳辐射、降水量、大气的温湿度、有效积温和昼夜温差对新疆当地的园林景观建设的影响，以及土壤肥力和酸碱度如何影响园林景观营造中树种选择和树种配置的问题。在分析立地条件诸要素影响和造就了新疆园林景观的基础上，总结了本地既有的园林景观建设方法，提出了以气象要素为主的新疆立地条件特殊性决定了新疆园林景观不同于其他地区的特点，为当地园林景观建设提出了建设性意见。

关键词: 新疆；气候；园林景观；园林植物

在园林景观中，"立地条件"指植物生存需要的以气象要素为主的气候、光照、温湿度、水分以及土壤、空间组合而成的外部环境。新疆地处我国西北，地形复杂多变，自北向南有阿尔泰山、天山山脉，南部的昆仑山系由西向东为帕米尔高原、喀喇昆仑山、阿尔金山组成。三山之间夹着两大盆地，塔里木盆地和准噶尔盆地，盆地中分布着塔克拉玛干沙漠和古尔班通古特沙漠。绿洲多分布于山前洪冲积扇缘、河谷及湖滨，主要散布在塔里木与准噶尔两大盆地边缘，在景观上，植被明显比周围荒漠地带繁茂得多[1]。新疆气候的特殊性，如水分、土壤、光照和温湿度决定了新疆特色园林的存在。立地条件中的各类要素可以分为两类，一类是与光、温、水、气（风）相关的气候条件，另一类是与地理环境相关的土壤质地和养分相关的条件。

在诸影响因素中，气候是决定园林景观的主要因素，特别是对于诸如新疆这样存在极端气候条件的地区，在诸多影响园林景观的建设因素中，气候往往成为了决定性因素。在新疆地区从园林景观设计、施工和后期养护管理都要考虑或者是决定于气候因素。新疆地区的很多自然和人工园林景观特色就是由本地区气候特点所决定的。

风景园林学是研究人类居住的户外空间环境、协调人和自然之间关系的一门复合型学科[2]。园冶认为造园时先去实地踏勘，叫作相地[3]，这实际上是对所建设区域园林全面立地条件的综合考量，而影响地域园林特色的主要是当地气候条件，气候条件往往是决定性因素，好比是一方水土养一方人，一方水土有其特有的景观形象。

1 新疆地区立地条件特点

1.1 新疆气候特点

新疆的气候特点以东疆的吐鲁番为例，吐鲁番虽然有大量高山冰雪融水，但地处内陆，属于干旱气候，全年干燥少雨，年降水量16毫米，年蒸发量超过3600毫米，光照充足，全年日照时数3200小时，年积温5300摄氏度以上，无霜期长达270天。

从全疆来看，新疆地处欧亚大陆中心，远离海洋，空气干燥，云量较少，晴天多，因此，光能资源十分充裕。该地区太阳辐射强，日照时间长，生产潜力大，仅次于青藏高原，居全国第二位[4]。新疆属于温带大陆性干旱气候区，积温有效性高。除北粗北部略偏低外，其他地区都接近或高于同纬度其他地区。

新疆降水少，分配不均，距海洋遥远，又因大气环流条件的限制，降水稀少。按单位面积平均计，年降水

---

① 中国园林博物馆环境及特色园林研究项目。

量新疆只有 150 毫米全国为 630 毫米。

新疆风季与干季相吻合，风沙天气多，蒸发强烈，干燥指数大。平原和盆地的湿润度多小于 0.3，属于典型的干旱地区。

新疆昼夜温差很大是重要的气候特点之一，2017 年 9 月 14 日 8 时出炉的昼夜温差排名表显示，全国昼夜温差最大的 10 个地区中，除了第三名被西藏的江达摘取外，新疆包揽了其他 9 个名次。其中，尼勒克和巩留的昼夜温差最高，达到 20 摄氏度，察布查尔排在第十，昼夜温差也达 18 摄氏度。

总之，新疆光热条件得天独厚，无霜期长，年有效积温高，具有日照长、降水少、强蒸发、多风沙、昼夜温差大以及四季分明的气候特征。

1.2 新疆地理环境特点

新疆从洪积扇上部的巨大砾石到冲积平原的黏重土壤，有着明显的过渡分布规律，也就是说，在绿洲向上和周边分布有各种砾石，这些石块为城市园林提供了大量叠石所需要的材料。新疆土壤主要为灰漠土，缺氮少磷但钾丰富，土壤潜在养分也较丰富。该地区的土壤大多具有偏碱性的特点。

2 立地条件的特殊性决定了新疆园林特色

2.1 新疆特有气候决定了园林景观

2.1.1 本地区太阳辐射强的特点决定了新疆园林景观在遮荫功能上有着重要需求

新疆现有的和当地居民所喜爱的园林景观是经过长期历史筛选的，其长期得到当地人们的认可，一定是有独到之处。在新疆的园林景观建设历史中，在诸多园林植物可以选择的条件下，经过人民群众长期不断摸索和改进，最终，遮荫效果好的植物在城市园林中占有重要的一席之地。吐鲁番的高温高辐射的气候特点决定了景观形式上更多地采用遮荫的藤本植物作为街道和庭园绿化的主要绿化材料。其中典型代表就是遍布吐鲁番的葡萄沟和葡萄街，走在沟里和街上，头上就是葡萄架，架上葡萄繁茂枝叶为游人遮荫防晒。在乌鲁木齐市也建设了以葡萄为主要收集对象的植物收集园区，在夏季也是游人愿意游憩的好去处。除了藤本植物以外，大型木本冠大荫浓的植物也得到较多应用。在很多绿地中，大量地应用乡土树种倒榆，其具有良好的遮荫效果。倒榆从形态上看，就像是一把伞打在那里，有效地降低了日辐射，人可在树下乘凉。在部分绿地里，如人民公园的行道边上，对大叶白蜡进行了截头修剪，通过对主干的短截修剪，把树木向上长的主干去除，人为把树木枝条的生长导向为平向生长，把大叶白蜡变成了一个大冠幅的伞，能够有效进行遮荫防晒。这种对行道树进行截头的园林修剪

处理措施就是对新疆特有的强辐射的有效应对。

从园林植物的选择配置来看，在新疆的传统庭园绿化中，更多的是以阔叶落叶植物为主，针叶树用得相对较少。这种形式就是保证在夏季可以有效遮荫防晒，在冬季树叶凋落以后可以让阳光更好地进入庭园，起到夏季遮荫、冬季透光的效果，这也是和新疆夏季热辐射高、冬季寒冷的气候相适应的。

新疆水资源异常宝贵，由于日照的辐射强烈，地表的水面会因为强辐射造成大量水分无效地蒸发到空气中，所以，在这些地区产生了一种称为坎儿井的引水方式，就是在地下开凿人工暗河，减少水面蒸发的无效消耗方式。但是坎儿井的开挖和维护成本很高，在新疆园林景观中更多还是以地表水形式形成水景，为了降低无效蒸发，在园林绿地建设中，常常在水系周边尽量多植各种乔灌木，在水面上形成荫蔽，可以有效减少水分无效蒸发。在园林绿地的水系布置中，采取这种布置方式，在水面和水流上形成重重绿荫，夏季可以形成清凉幽静、凉爽宜人的效果。

新疆除了几个主要城市人口密度较大以外，大多数城市人口不多，工业不太发达，相对而言有较好的空气质量，除了大风沙天以外，以晴好天气为主，在这种情况下，彩叶树种应用效果突出。在空气相对较好、能见度高的城区，彩叶树种因色彩丰富更富有观赏性。近年来，乌鲁木齐市南山的园林景观建设中，就用到了较多彩叶树种，在蓝天、雪山的映衬下，表现出了显著的景观效果。

新疆园林的庭园建筑形式也采取了很多应对新疆气候特点的措施。为了应对新疆太阳辐射强的环境条件，在新疆的庭园绿化中，采用了许多防辐射的措施。以吐鲁番的庭园绿化为例，庭园院墙很少采用低矮的木围栏形式，主要是采用当地的泥土块砌的土墙，而且土墙普遍较高，很多高达 3 米以上，在墙的上部还会用土块砌出各种各样的花式漏光式的窗。这种园墙，因为由土砌成，热传导慢，隔热效果好，有利于防止强辐射传入。在墙的上半部，形成漏窗，可以在白天起到遮挡作用，在晚上有助于通风，便于在庭园中休息。如今，这种古老的庭园形式越来越少了，更多的人用起了砖墙，花墙应用也在减少，在吐鲁番的葡萄乡应用比较多。典型的吐鲁番干旱区庭园就是高土墙，上部有漏空的窗，院子里有时种有葡萄，葡萄棚架正好架在庭园上方，在葡萄架最浓荫处往往会有一张床或是炕。夏季白天可以依靠土墙防止辐射，上部漏空墙还可以通风、透光，到了晚上，还可以在葡萄架下乘凉。

2.1.2 新疆降水少、分配不均的特点决定了新疆公园建设以水为纲

园林景观中，水景的建设和营造本来就是重要要素之一，在新疆区域内，水景建设不仅止步于景观需要，水更是夏季高温酷热条件下植物生存的决定因素，在新

疆地区要优先考虑为植物生长提供水源。降水少和高温干燥的气候特点决定了新疆园林建设要特别重视园林景观建设中水资源的利用问题。首先是新疆降水少决定了新疆公园建设以水为纲，新疆绿洲面积包括了天然绿洲与人工绿洲，两部分面积几乎各占一半，而且人工绿洲大多是以农业生产的农用地为主[5]。新疆的绿洲大多是处于三大主要山系周边泉水溢出带，各盆地沙漠边缘，山区形成地表水能流经的地区，水资源就是这些绿洲园林景观建设的刚性制约因素。水是生物生存的必要条件，在新疆园林景观建设之初就必须考虑水从哪里来，怎样建设水景，怎样利用水资源，必须把节约用水放在第一位。从设计开始就要选好树种，要考虑栽种植物的耐旱性；在施工中要考虑栽培基质的保水、持水能力；在管护中要考虑挖下沉式树穴，保证有效的积水、存水、节约用水。

　　其次，在园林景观中，人们对河流有一种天然的亲近感，滨河绿地也是所有自然聚集环境中最受人类喜爱的地区[6]。在新疆几乎百分之九十以上的外界环境都是荒漠或者是沙漠，甚至沙漠边缘的居民天天面对大海一样的沙漠，在这种背景之下，对于水的渴望和亲近感自然比其他地区，特别是比江南水乡的人更近一层。这种天然对水景特别亲近的需求是由新疆气候环境影响所致，决定了本地区造园中需要着重考虑水景建设内容。最近几年来，更多的新疆城市为了更大量地利用水资源建设水景园林，建设了许多滨河公园。如：乌鲁木齐市的水磨河公园和乌鲁木齐南山十二连湖景区、昌吉州的昌吉市滨河公园、玛纳斯的滨河公园和五家渠市滨河公园、阿克苏的多浪河公园和拜城的滨河公园、巴州的库尔勒滨河公园和硕滨和公园、图木舒克市滨河公园、额敏县滨河公园、伊犁州的伊宁滨河公园和尼勒克滨河公园。可以说，最近几年，几乎每一个地区都建成或者是将要筹建滨河公园。新疆的园林建设把水资源和园林景观紧密结合起来，充分体现了新疆地区重视园林水景的重要作用，也为园林植物的用水之源解除了后顾之忧。大多的滨河公园，不仅考虑了水景的应用和建设，还考虑到周边植物的用水需求。也有一些园林建设只考虑生硬地引入水景，以硬质铺装形成水面，造成水边有园林植物干旱致死的极端现象，这是滨河公园或者是新疆水景园林需要重视改进的地方。

　　新疆的绿洲比例较小，主要原因是新疆的年平均降雨量偏少，形成绿洲的水源主要来自于山区积雪形成的融化雪水，因此，绿洲主要分布在各大山系的周边。而城市园林更是在绿洲中完全依赖人工灌溉的方式维持绿地的存在和景观表现。基于这一原因，在新疆的城市园林建设中，对于没有河流可以凭借的园林绿地，会在园林绿地中建设多种水景，而且不同水景以小溪、渠系或者是叠水等诸多方式连接起来，形成贯穿全园的水系，以这些水系支撑全园的灌溉系统。如乌鲁木齐市植物园

依据由高而低的地势，从西南角直到东北角，布置了一连串的渠、溪、叠水、湖、溪等水景。这些水景在春秋季非高温时可观赏园林水景，在每年干旱高温的季节，就是园区主要的应急灌溉水源，保证园林景观在严酷的高温时期不过于干旱。

2.1.3 在新疆园林绿化中，特色旱生和沙生植物应用形成了新疆园林植物景观特色

　　2006 年建设部召开了建设节约型园林会议，首次提出了节约型园林的概念。朱建宁将节约型园林解释为"因地制宜为原则，便于养护管理为规划设计准则，以植物为主体，水土为要素，营造一个适度、合理的空间环境"。同时朱建宁提出要在植物选择、水景营造、水的运输、浇灌植物等环节减少水资源的消耗[7]。基于这一原则，目前新疆城市园林绿地的建设中，大多数城市以抗旱的乡土树种榆树为主，各种耐旱和抗旱榆属植物应用占到很大比重，比例大于 60% 以上。而且越来越多的乡土旱生观赏植物被引进园林景观建设中，如胡杨、柽柳、沙枣等树种。在新疆城市外围的防护林带和郊野公园，新疆杨属植物应用也较多，形成了新疆特有的旱生植物景观。

2.1.4 新疆昼夜温差也很大，有利于果树生长，造就了新疆园林果树景观特色

　　新疆天山野果林是世界苹果、核桃、杏、李等落叶果树的起源地，不仅栽培苹果的祖先是新疆的塞威氏苹果，栽培核桃、杏、欧洲李和樱桃李的祖先均源于新疆野果林，新疆是世界栽培落叶果树的起源中心[8]。果木园是新疆历史上形成最早、分布最广、影响最深的一类园林，据位于民丰县境内的尼雅遗址考古发掘介绍：汉晋时期，当地的居民在住宅附近不仅栽着成排的葡萄，还有桃树和杏树[9]。因此，在新疆地区，在园林绿化中应用果树是有很长历史的。现实中在很多庭园绿化里存在着很多树龄长久的果树种类，也是果树在庭园绿化中应用的明证。

　　新疆气候具有日照长、年有效积温高和昼夜温差大的特点，这种特点特别有利于果树的生长和果实品质的提高。特别是在新疆的庭园绿化里会有不少地区结合本地区适宜种植果树的特点，利用果树进行庭园建设。在新疆长期的庭园园林营造中有一些特殊的代表，如新疆的千年核桃王就位于和田市西南的巴格其镇境内。该树占地一亩，树高 16.7 米，树冠直径 20.6 米，主干周长 6.6 米，冠幅东西长 21.5 米，南北宽 10.7 米，树形大致呈"Y"字形，整个大树主干五人合抱围而有余。无花果王位于和田市拉依喀乡，树龄五百多年，依然枝繁叶茂、果实累累。连年新枝勃发，遮天蔽日，树冠占地近一亩。每年从 6 ~ 10 月结果两万多个。这些果树，也是新疆长期在园林景观中应用果树的例证。

2.1.5 新疆干燥多风、风沙多的特点造就新疆防风固沙林景观

新疆在春秋两季都会出现大的风沙和沙尘天气。人居环境大多处于荒漠和沙漠包围的绿洲之中，在城市的外围，不可避免要建立人工防护林体系，维护绿洲中核心区的人居环境。新疆的杨属植物应用较广，特别是树丁高人，紧密的箭杆杨、新疆杨等树种在城市外围的建设中应用较多，防风滞沙尘效果较好。这些防风固沙树种和园林景观在整个村的外围和农田防护网中体现得更为突出。

2.2 新疆地理环境要素对园林特色的影响

在园林构成的静态要素中，山石也反映出了新疆园林特色。在新疆地区山石的应用中，随着经济的发展，当然也有内地石料的应用，但是本地区易于取材和经常使用的就是最常见的鹅卵石，也称为戈壁石。二十年以前，对于石材价值还不太重视，很多园林工程都是就地找到戈壁石，运回工地就地利用。小的石块进行道路铺装，建成健康步道，大的用于叠石造景。近十数年来，有人发现当年用于铺路的石块里有戈壁玉材质，于是铺装道路开始被人偷挖石块逐渐变得坑坑洼洼。

因为新疆的土壤贫瘠、偏碱性，又缺少水源，所以在园林树种的选择上，抗旱、抗盐碱、耐贫瘠的树种经过长时间的洗礼就脱颖而出。目前城市园林绿化建设中应用的树种主要是以榆科、榆属的植物为主。特别是圆冠榆、大叶榆等占居主导地位，体现了其优异的抗盐、抗旱、抗碱的综合抗性。

3 小结

新疆地处中国的西北，占有中国近六分之一的国土面积，纬度比较高，主要的城市和居民分布在绿洲范围内。水资源是制约新疆发展的最主要因素，也是园林景观建设中主要考虑的因素，在水景设计上要考虑园区的灌溉体系需要。

为了适应年降水量低的特点，在园林建设中需要考虑旱生植物的应用，在应用中要考虑不同植物景观对水分需求的不同，把特定的植物安排到恰当的地方。比如，旱生植物在园林景观布置中一定要放在上水的位置，如果把旱生植物放到地势低的位置，就常常造成灌溉余水对旱生植物的影响，抑制旱生植物的生长，甚至死亡。

在新疆的园林建设过程中，要重视防护树种和遮荫藤本植物的应用，注意防风、防晒、防沙尘的园林植物景观配置原则。但这些原则现在得不到遵守和执行。比如，在新疆从山区引水进入城区的渠系两边，此前一直是种有果树，树木的遮荫可以降低水分蒸发，这是优点之一。其二，在夏季旅人路过渠边还可以采食杏子等果实来果腹。现在，渠边的树大多死去，无人再管，这是很可惜的。在未来的景观建设中应加大遮荫树种在园林景观中的应用。

为了有效改善强辐射环境条件，借鉴上部漏空高墙的庭园建设方法是适于干旱高辐射区的有效方法。

结合新疆不同地区的适生条件，种植不同的果树，是新疆特有的值得继承和发扬的园林造景树种。

新疆的园林景观建设无论是在树种选择、树种配置，还是园林管护上采取的许多原则是不同于其他地区的，这主要是由新疆的气候特点所决定的。这些原则，也是当地的园林建设者对新疆特有气候条件不断长期适应的结果。对这些原则进行总结，对于新疆本地的园林建设具有重要的作用。

参考文献

[1] 袁榴艳，杨改河.新疆绿洲可持续发展评估研究 [J].西北农林科技大学学报（自然科学版），2004（06）：54-58.
[2] 杜春兰.风景园林一级学科在以工科为背景的院校中发展的思考 [J].中国园林，2011，27（06）：29-32.
[3] 王绍增.园林、景观与中国风景园林的未来 [J].中国园林，2005（03）：28-31.
[4] 徐德源.新疆农业气候资源特点及其利用和开发（一）[J].新疆农业科技，1986（04）：8-12.
[5] 吴莹，吴世新，张娟，刘美.基于多重时空数据的新疆绿洲研究 [J].干旱区地理，2014，37（02）：333-341.
[6] 周永启.滨河绿地的建设对城市景观的影响 [D].新疆农业大学，2015.
[7] 朱建宁.节约型园林：人与自然和谐发展 [J].建设科技，2009（19）：37-39.
[8] 林培钧.天山伊犁野果林在人类生态和果树起源上的地位 [J].农业考古，1993（01）：133-137，146，271.
[9] 陆易农.新疆的园林类型及特征研究 [J].八一农学院学报，1991（01）：71-78.

The Influence of Site Conditions on the Local Landscapes Characters in Xinjiang

Sun Wei Feng Jun Chen Jin-yong Huang Yi-gong

Abstract: The effect of sun radiation, precipitation，atmospheric temperature and humidity，effective accumulative temperature, and day and night temperature difference on the Xinjiang local landscape was analyzed. The impact of the soil fertility and pH value on the local landscape and on the characters of the native landscape was also analyzed. Based on the analysis on how the site conditions affect the landscapes, the ways of building the local landscapes were concluded. The conclusion was that the meteorological elements decided the local landscape characters mostly, which is different from other areas. Some suggestions were provided for future local landscape construction.

Key words: Xinjiang; climate; landscapes character; landscaping plant

作者简介

孙卫 /1972 年生 / 男 / 河南人 / 教授级高级园林工程师 / 博士 / 乌鲁木齐市植物园

冯军 /1971 年生 / 女 / 陕西人 / 副研究馆员 / 新疆农业大学

陈进勇 /1971 年生 / 男 / 江西人 / 教授级高级园林工程师 / 博士 / 中国园林博物馆园林艺术研究中心

黄亦工 /1964 年生 / 男 / 北京人 / 教授级高级园林工程师 / 中国园林博物馆副馆长

瓷上园林纹饰折射出的中西方文化

陈进勇

摘　要：中国的瓷器以其精良的瓷质、精彩的造型、精美的图纹装饰而享誉世界，外销瓷以青花瓷为主体，尤以克拉克瓷影响力最大。瓷器上的山水风景纹饰有山、水、建筑、植物等各种元素，反映出中国园林的特征。通过分析 12 件陶瓷上的山水园林纹饰，可以看出中西方文化的交流和碰撞，折射出当时的社会背景、哲学理念、审美意识、价值取向、绘画手法等方面的差异。

关键词：外销瓷；园林；纹饰；文化

1　中国瓷器的外销

中国的瓷器以其精良的瓷质、精彩的造型、精美的图纹装饰而享誉世界，尤以青花瓷最为著名。青花瓷的烧制开始于唐代，成熟于元代，发展到明代崛起为中国瓷器的代表。自唐代起，中国瓷器就开始远销海外，明代是中国陶瓷外销史上的黄金时期，15 世纪郑和下西洋，将青花瓷带到海外，16 世纪葡萄牙占领澳门，通过贸易，促进了青花瓷的外销。直到 16 世纪末，中国瓷器一直是欧洲贵族们财富、身份和地位的象征。17 世纪以后，荷兰建起了一条与东方直接贸易的海上通道，瓷器主要销往英国、法国、丹麦、奥地利、瑞典等欧洲国家[1]。清朝对欧洲外销的瓷器主要有青花瓷、徽章瓷以及广彩等类别，以青花瓷为主。外销青花瓷种类繁多，器形丰富，包括盆、盘、瓶、花觚、茶壶、盏、托盘、军持、高足盖杯、花浇等，大多是为了适应欧洲风格制作的器形，还有些是在欧洲老式茶具的造型上绘着中国风格的纹样。徽章瓷是中国陶瓷技术与西方各具特色的民族、军团、家族徽章结合的作品。粉彩瓷的出现，撼动了青花瓷的霸主地位，很快就占领了国内外市场。

历史上中国瓷器外销造成世界轰动效应的是克拉克瓷。1602 年和 1603 年，荷兰人在马六甲先后抢掠了葡萄牙船“圣地亚哥”号和“圣卡特琳娜”号，这两艘船上装载了中国瓷器十万多件，主要是青花瓷。这批瓷器被运往阿姆斯特丹拍卖，轰动了整个欧洲[2]。当时荷兰人对葡萄牙远航东方的货船称作“克拉克”，因而，在欧洲拍卖的这批中国瓷器中的精品被命名为“克拉克瓷”。

2　外销瓷的纹饰

外销瓷特指历史上以对外贸易为目的而生产并销往海外的中国瓷器。青花瓷以深沉幽静、精致优雅而著称，外销青花瓷以瓷器的造型及纹饰设计为载体，反映了不同文化间的交流与融合。广彩瓷器是“借胎上彩”，绘画与色彩富于装饰性，是典型的装饰艺术陶瓷，以绚丽的色彩、奇巧的纹饰以及精致细腻的彩绘技艺而闻名于世。起初中国外销瓷上的装饰图案全部都是由中国画工设计的，后来为了适应欧洲人的审美需求，西方的设计师开始自行设计一些带有中国元素的图案，然后再拿到中国窑厂进行专门定制，使得瓷器既保留了东方情调，又符合欧洲人的审美情趣。

中国喜好用各类花卉草本植物来装饰瓷器，特别是青花瓷，藤花蔓草成为纹饰图案的主流，是中国几千年农耕文化的反映。欧洲则更关注各种动物图案和造型的设计，流露出畜牧文化的遗风。国人重花草，欧人重鸟兽，这是农耕文化与畜牧文化在瓷器装饰方面的差异。外销瓷题材纹饰，除了传统的中国山水、花鸟、吉祥纹饰以外，还有大量描述中西方社会生活风貌的瓷绘纹饰。人物故事题材是常见的纹饰，以中式人物题材为例，就有描绘世俗生活的仕女、婴戏、耕樵渔牧等民间场景的纹饰，有表现战争场面的"刀马人"纹饰，有以戏剧小说人物为题材的纹饰等。

2.1 克拉克瓷器的纹饰特点

克拉克瓷是中国为外销而生产的青花瓷，中国其他地区出土极少，在明代万历至崇祯年间都有生产，大量的克拉克瓷器制作于1557—1657年间。首先将这种瓷运至欧洲的是葡萄牙人，有超过十万件。器型种类有盘、碗、瓶、军持、盒等，其胎体细薄、坚硬，以装饰为主。其青花发色有两类：一类发黑或发灰；另一类十分纯正浓艳。

克拉克瓷盘的造型特征一种是菱花口、弧腹、平底、矮圈足；另一种是宽沿、口沿外折、浅弧腹、平底、矮圈足。纹饰一般依据盘、碗等器形特点，在器形的中部饰以适合的绘画形象，作为主体装饰。器形的边沿区域也用线条分隔成连续的几何区间，填充山水、人物、花鸟等形象，这种瓷器装饰的处理风格，称为"开光"。纹饰的基本特征是：内底心图案以山水、花鸟、人物或动物为主题纹饰，既有高士图、庭院婴戏图等中国传统风格，又有郁金香、盾徽等异域风格；主体纹饰外围是一周连弧纹，有六组至十组，内绘有鱼鳞纹、锦纹等；连弧纹以外到盘口间，根据盘子大小，有六开光到二十开光，开光呈圆形、椭圆形、菱花形、扇形、莲瓣形等，开光内填绘向日葵、郁金香、菊花等常见的纹饰，还有佛教吉祥纹饰莲、鱼，以及卷轴书画、蕉叶等。开光的间隙填绘鱼鳞纹、万字纹、锦纹或缨络纹等[3]。

克拉克瓷最典型的装饰特征就是盘沿繁密的开光形式，层次繁多，构图繁密，具有明显的伊斯兰文化特征。

2.2 瓷上园林纹饰浅析

瓷器的纹饰大多来源于中国传统绘画，中国园林艺术与山水画的渊源早在魏晋南北朝就有，因而山水画与瓷器纹饰、园林形成了你中有我、我中有你、密不可分的关系。山水风景通常是树木、山川、河流、房屋、人物之类的组合，园林的构成要素主要是山、水、建筑、植物等，是道法自然而营造的人工环境，两者是相通的，从瓷器上的纹饰可略见一斑。

图1为乾隆年间景德镇窑清华柳亭纹盘，中心画面刻画出的园林意境栩栩如生，远处山峰叠翠，近处山石错落，中间宽阔的水面上一叶轻舟划来，岸边柳树婆娑，翠竹摇曳，水边亭阁伫立，呈现出中国山水画的风格。

图2为清代广彩人物汤盅托盘，画面刻画出的人物栩栩如生，小孩在庭院中自在玩耍，大人或倚或坐或站立，一人还手提花篮，院中桌上摆着瓶插牡丹，还栽植着中国传统的"岁寒三友"松、竹、梅，松树苍劲青翠，梅花配石，显得古朴而有生机，竹子柔美，画面色彩雅致，园林气氛浓郁。

由于西方对中国青花瓷的崇拜，有些外销瓷为中国图案烧制后直接外销，有些定制的外销瓷是在中国图案的基础上直接加上家族的徽章。图3为乾隆年间的纹章瓷，即是在中国山水纹盘上直接印上徽章的，中心画面出现明显的中国山水园林的特征，远山层峦叠嶂，水面波光粼粼，近处的树木三棵一组，有丛林之感，右侧的房屋掩映在群山丛林中，主仆二人正沿着水面的曲桥缓步（携琴）而归，水面上矶石、掠水而飞的水鸟以及远处的村寨更增加了景观的层次感，呈现出山水田园般的诗情画意。

西方对中国的青花瓷非常钟爱，1584年，荷兰通过东印度公司从中国采购白色釉料和青花颜料，进行仿青花的生产，荷兰人称其为白釉蓝彩，而非青花。不仅荷兰、葡萄牙、英国、德国等西方国家对中国的青花瓷都趋之若鹜，中国瓷器上的山水园林图案因其自然美观也深受西方青睐，并进行了仿制，但是出现了异化。

图4为18世纪葡萄牙的仿中国青花八角盘，即为白釉蓝彩，图案体现出明显的中西结合风格，中间为中式的三孔亭桥，两侧的树木以及上、下的云纹和水纹均呈对称分布，为典型的西方风格，因此总体上虽是模仿中国的山水画，但展现出明显的西方风格。

2.3 瓷上园林图案演变折射出的中西方文化交融与对比

由于中国瓷器大量进入西方市场，西方为迎合国内消费者的审美需求，对纹饰进行了相应的改动，批量订

图1　广东省博物馆藏清乾隆景德镇窑清华柳亭纹盘　　图2　澳门博物馆藏清代广彩人物汤盅托盘　　图3　中国园林博物馆藏乾隆青花山水纹章大盘　　图4　澳门博物馆藏葡萄牙制18世纪仿中国青花八角盘

制生产，因而从纹饰的演变可以探究中西方文化的交融，外销瓷上园林纹饰的变化也是探究中西方文化交流碰撞的良好例证。

图 5 为清康熙时期青花纹盘，中心图案仕女优雅地端坐在庭院中，旁边的栏杆清晰可见，孩童则顽皮地嬉戏，右上角一枝梅花从苍老的树干上横空而出，增强了空间感，远处寥寥几笔的云彩飘向中间，整个画面体现出动感，又不失园林的宁静清幽之感，动静结合，实属上乘之作，体现出了中国传统园林的意境。中心图案虽然简单，但由于外围一圈空白及盘边缘简单纹饰的衬托，画面的主题和中心感非常突出。

图 6 为清道光时期仿康熙仕女婴戏图盘，是仿上述图案，但仕女由坐改为站立，两腿之间夹着竹板，并增加了坐凳，孩童由画面左侧移向中央，梅花改成了柳树，垂下的柳枝填满空白。中心图案外围纹饰比较繁杂，整个画面繁复而壅塞，缺少了康熙时代的诗意，明显受到西方欣赏意识的影响。

图 7 为英国仿中式仕女婴戏图盘，与前面不同的是，画面中的栏杆改成了两孔石拱桥，园林感得到增强，但明显是适应西方审美观点，西方还是偏好偶数和对称的，柳树下垂的枝条色彩增强而更加明显，但整个画面的色彩浓淡缺少对比，显得平铺直叙。桥两侧增加的植物，右侧效果较好，左侧的树木细长如杆，实属败笔。中心画面与盘边缘的六个开光图案之间有空隔，较好地突出了中心图案的主体，其效果较图 6 好。

从图 5 至图 7 三幅瓷上的园林图案可以看出，从康熙时期的图案简洁而富有诗意，到道光时期的繁杂世俗，再到英国的平铺直叙，从中国的自然式到英国的规则式融入，反映出不同时代和东西方文化的审美差异。

再举一例，图 8 为清乾隆时期青花山水纹盘，中心画面内容丰富，山、水、建筑、植物和人物等元素一应俱全，呈现出园林意趣。山左高右低、远近呼应，山的纹理清晰、连绵起伏。水呈 S 形，或隐或现，水上有石桥拱立，水面有舟楫飘荡，水边石矶散落。建筑有高阁耸立，重檐翘角，也有村舍简朴。树木有阔叶、针叶，形态各异，或依山傍水，或掩映于屋舍之中。整体体现出诗意仙居的园林环境。

图 9 为英国仿青花山水纹盘，中心画面呈椭圆形，在原图案基础上进行了截取，去除了前景和部分远景，因而层次感减弱，缺乏空间感。对原图案中的山体也进行了裁剪和简化，山的比重明显减少，水的比重增加，反映出英国对水的重视要优于山，但图案总体上山水格局和建筑、植物、人物的关系仍基本反映出中国山水园林的特征。

图 10 为英国仿中式山水纹盘，中心画面对原有图案进行了更改，山体做了简单叠加的程式化处理，缺乏纹理和形态变化。树木也采取了图案式处理，无论是柳树

图 5　中国园林博物馆藏清康熙青 图 6　中国园林博物馆藏清道光仿康
花人物纹盘　　　　　　　　　　熙仕女婴戏图盘

图 7　中国园林博物馆藏英国仿中式 图 8　中国园林博物馆藏清乾隆青
仕女婴戏图盘（约 1850 年）　　　花山水纹盘

图 9　中国园林博物馆藏英国仿青花山水 图 10　中国园林博物馆藏英国
纹盘（约 1790 年）　　　　　　　　仿中式山水纹盘（约 1810 年）

还是其他树木，都是规则式的。楼阁和房舍试图采用明暗对比，但效果不佳。水面波纹的处理得到增强，将栏杆（桥）置于水面，但与后面的拱桥关系过于直白显露，处理显得过于简单。用西方式的想法对原图案进行加工，平面化明显而空间感不足，园林意趣顿减。

从图 8 至图 10 的纹饰变化可以看出，中国园林讲究山水相依，山为实，水为虚，虚实结合，有藏有露，强调景深和意境，而西方更看重水和具象的表达，更强调平面、直白的表现。这与英国为海洋性国家、境内少山有关，也能从中看出东西方审美文化的差异。

中国的青花瓷以蓝白二色着色，与中国山水画黑白二色构图，采用写意的手法，注重意境的表现，成为天成之合，因而作品众多。广彩的出现将陶瓷融进丰富的

色彩，使得图案的装饰性更强。图11为清康熙时期青花纹盘，中心画面为一对夫妇正在观看两小孩玩耍，另有一孩童从楼上窗户探头观看。庭院中古梅盛开，杨柳复苏，反映出家庭欢乐气氛。图12为该图案采用欧洲加彩后，画面色彩更为丰富，形象更为生动，但梅花增加了枝叶，酷似桃花了。画面留白过少，原来的空白填满了五彩碎点，干扰了主体，且给人以窒息感。从以上分析可以看出，东方园林仿自然，强调空间环境的表现，重虚实结合和意境的表达，而西方则表现直白，强调整齐规则和程式化，重色彩，东西方的文化渊源和美学价值观是不同的。

图11　中国园林博物馆藏清康熙青花纹盘　　图12　中国园林博物馆藏青花欧洲加彩人物纹盘

3　结语

中国瓷器传入欧洲影响了西方的艺术风格，在各类陶瓷中，以青花瓷的影响最大、最为广泛。荷兰人抢夺了葡萄牙商船上的青花瓷后，在代尔夫特建成了仿制中国瓷器的工厂，德国、英国等国家也竞相仿制，在器物的造型和装饰上，形成了"中国风设计"[4]。西洋画中，往往采用焦点透视的方法，注重事物的空间感和比例，而荷兰的中国风设计作品由于吸收了中国外销瓷装饰艺术的特点，与中国的绘画一样，采用了散点透视法，讲究整体效果及和谐的美感。仿青花瓷的蓝白二色瓷砖艺

术兴起，并输入葡萄牙，与中国青花瓷的西传也有着密切关系，青花瓷的元素用在建筑物装饰壁画的瓷砖上，扮靓了城市空间。此外，外销瓷上中国自然风景园林图案影响了西方的园林发展，英国一改整齐规则式园林的风格，引入中国的自然式园林要素，促成了英中式园林的发展[5]。

中国瓷器的鉴赏包括瓷质、造型、纹饰图案等方面，瓷器的纹饰图案是文化信息荟萃之处，反映了当时的社会背景、价值取向、欣赏水平等。中国瓷器的很多传统纹饰，西方人难以读懂，他们能更多地去理解和欣赏瓷器上自然的图案纹饰，却不能透过表象去感知深层次的民族文化内涵，如花瓶中插上月季装饰客厅，寓意"四季平安"，梅花和松、竹搭配成"岁寒三友"，都是中华传统文化的内容，在瓷器纹饰中出现较多。中国人喜欢梅花的枝姿、暗香和傲骨，而梅花因为花小一直得不到西方的认可，因而外销瓷上出现将梅花替换或异化的图案。中国境内多山，瓷上山水园林纹饰中山水相依，山为实，皴纹表现细腻，水为虚，置小船、石矶于空白处表现，体现虚实、阴阳的哲学理念，建筑和人物均融入自然山水的环境中，体现天人合一的思想。各种构成元素或藏或露，或隐或现，给人以无尽的想象空间。欧洲为海洋环绕，山较少，外销瓷上往往弱化山的体量和纹理，水的处理更为具象，建筑的整体比重增强，画面往往一览无余，体现了西方以人为中心的哲学思想和具象表达的思维。

中国瓷器上的山水风景注重笔法、构图与意境，留白较多，与中国传统山水画的风格相近，采用写意的手法，注重意境的表现而不注重实际的比例。西方则更注重导引作用，强调图案化和几何化，因而画面更为规整。中国画式构图在瓷器的装饰中，上下左右可随画意伸展，自由穿插，具有较强的自由随意性，能够很好地表现特殊的意境和情趣[6]。外销瓷上图案多有中国绘画的笔法情调，有些纹饰为西方平面化的装饰风格，纹饰构图严谨，繁而不乱，是中西方文化碰撞与交流的结果。

参考文献

[1] 孙锦泉.从清代的外销瓷看欧人的社会样态和观念形态 [J].四川大学学报（哲学社会科学版）2012，181（4）：26-32.

[2] 万明.明代青花瓷西传的历程：以澳门贸易为中心 [J].海交史研究，2010（2）：42-55.

[3] 罗易扉，汪冲云.克拉克瓷盘边饰类型与分类 [J].中国陶瓷，2006，42（2）：66-68.

[4] 张亚林，陈静.谈17—18世纪荷兰代尔伏特陶的中国风设计 [J].2008（3）：28-32.

[5] 马晓暐，余春明.华园薰风西海岸 从外销瓷看中国园林的欧洲影响 [M].北京：中国建筑工业出版社.2013.

[6] 宁钢，何萍.绚丽华章：广彩瓷器艺术特征分析 [J].南京艺术学院学报（美术与设计版），2009（5）：138-142.

Chinese and Western Culture Reflected from the Landscape Painting on the Chinaware

Chen Jin-yong

Abstract: Chinese porcelain is world renowned for its fine texture, exquisite form and elaborated pattern. Export porcelain was mainly blue and white porcelain, among which Kraak porcelain was the most influential. Landscape painting on the chinaware has various elements including mountains, water, architecture and plants, reflecting the characteristics of Chinese traditional gardens. On the analysis of 12 chinaware decorated with landscape painting, culture exchange and interaction between China and Western countries was clearly showed, and their differences on the society background, philosophy, aesthetics, value orientation and painting technique etc. were reflected.

Key words: export porcelain; landscape; ornamentation; culture

作者简介

陈进勇 / 男 /1971 年生 / 江西人 / 教授级高级工程师 / 博士 / 就职于中国园林博物馆园林艺术研究中心 (北京 100072)

一件记录国运兴衰的展品——明铜鎏金编钟

袁兆晖

摘　要： 2018 年纪念天坛作为公园开放百年的展览上，最抢眼的展品为明代铜鎏金编钟，它是 1900 年庚子事变时被侵略军从天坛掠走的文物之一，1995 年终于回归天坛。该编钟造型精美，纹饰内涵丰富，是中和韶乐中的主奏乐器。编钟失而复得的历程，是近现代天坛乃至中国发展的缩影，一件一级文物的回归见证了中国的国运兴衰。

关键词： 天坛；展览；文物；回归

2018 年 7 月 20 日，为了纪念天坛公园开放 100 年、改革开放 40 年、天坛申遗成功 20 年，"古坛孕新生，名园惠万民——天坛公园开放百年展"在天坛公园北神厨开展。展览展示了天坛作为公园开放百年来的发展历程和辉煌成就，展览展出图片超过 320 张，展品超过 210 件套，是天坛近现代历史演变、北京城市发展、中国时代变革的实物佐证和成果展示。

在所有展品中，一枚金光闪闪、造型精美的展品——明代铜鎏金编钟十分抢眼，它有着异常的经历，它的坎坷漂零是近现代中国国运兴衰的缩影。

1　钟体简况

明代铜鎏金编钟（图 1），铜质鎏金，通高 26 厘米，总重 17.5 千克，口径 21 厘米 ×17 厘米。

编钟体腔椭圆，钟口平齐，鼓腹收口。三山组成海水云气纹山形钮，中间大跨度山梁饰云气纹，钮上浮雕海水江崖，悬钟钮孔设在正中。舞部以钟钮为界，两边各饰一对浮雕飞凤、仙鹤，凤、鹤相对间饰浮雕如意朵云（也称庆云）。正背两面钲部浮雕"如意万代"（如意卷云纹）须弥座无字牌额，牌额顶部分别浮雕飞凤（朱雀）、行龟（玄武）。牌额左右各铸乳钉 9 枚，两面共 36 枚。钟身一侧铸浮雕海水云气升龙吐珠；一侧浮雕海水云气降龙化鱼（龙尾鱼尾状，为鱼化龙造型）。龙纹头部双角似鹿，眉骨突起，眼似虾目，口方扁平，两个

鼻孔向上似河马，龙发后披，鳞甲细密，四肢健壮，肘毛飘逸，后肢足端五爪，四爪并列，一爪外伸折成直角，似人之手掌，整体造型为明龙特征。前后隧部各有一突起圆脐，金已磨损（击打痕迹）。在隧部两侧、乳丁行间，雕玄武之面均浮雕卷浪纹，雕朱雀之面均浮雕火云纹。钟体制作精美，鎏金匀厚，除鎏金略有磨损外，整体保存完好。

图 1　明代铜鎏金编钟

2 纹饰内涵

编钟钟体纹饰将中国古代阴阳五行学说、星宿宇宙观等诸多传统文化元素交糅，寓意深刻，文化内涵丰富。

《说文》中龙"能幽能明，能细能巨，能短能长。春分而登天，秋分而潜渊"，说的是古人观察到二十八宿中东方苍龙星的变化，苍龙星宿春天自东方夜空升起，秋天自西方落下，其出没周期和方位正与一年之中的农时周期相一致。苍龙五行属木。该钟以吐珠（生发）的升龙表示春分升天，代表春天。

《说苑》中有"昔日白龙下清冷之渊化为鱼"的传说，鱼化龙造型的降龙表示秋分潜渊，代表秋天。

二十八宿的南方七宿总称"朱雀"，位于南方，五行属火，因此飞凤及火云纹象征朱雀，代表夏季。

二十八宿的北方七宿总称"玄武"，位于北方，五行属水，因此行龟及卷浪纹象征玄武，代表冬季。

钟本身范铜鎏金，为金的属性。钟钮三山代表中原江山，属土。钟体春、夏、秋、冬四季轮转，金、木、水、火、土五行循环，鹤舞祥云，凤翔九天，满载长治久安、天下太平等无限吉愿。

3 功用地位

编钟是中和韶乐的主奏乐器。

中和韶乐源自西周时期的"雅乐"。周公制礼作乐，制定了一整套礼乐制度。礼用以分辨贵贱等级，使人明理；而乐追求社会等级秩序状态下的人伦和谐，使其融洽，正所谓"礼严肃形于外，乐和顺存于内"。西周初年制定而后不断发展的雅乐体系，融礼、乐、歌、舞为一体，只在祭祀天地、祖先和朝会、宴享时使用。古人认为，用于国家祭祀和重大礼仪活动的乐舞属于"正乐"，应该是中正平和、匡正人心、符合礼数、远离淫靡之音的正统音乐。这些乐舞由于长期和礼制紧密结合，典礼仪式性特征强烈。乐虽然也有丝竹乐器，但以钟、磬为主，是金石之乐。雅乐表演时，舞人随乐声俱进俱退，整齐划一，文武有序，气氛庄重。这一礼乐体系从周至汉、唐、宋、元均称为雅乐，沿袭了数千年，受到历代王朝的尊崇。发展至明初，朱元璋根据雅乐中正平和的乐理特点和思想理念，将雅乐更名为"中和韶乐"，并沿袭至清代。

中和韶乐的特点是将礼的精神融于乐、歌、舞中，"一字一音一个动作"，即乐器演奏一声，唱相应的一个字，舞生则表演舞谱的一个既定动作，充分体现了"礼、乐、歌、舞"集合的仪式性。其乐音纯正，舞姿庄重，颂词唯美，体现出文治武备、温柔敦厚的礼乐精神，具有教化民众、移风易俗的社会功能，被儒家学者和统治者认为是最和谐完美、最具伦理道德的音乐，被称为"德音雅乐"，尊为"华夏正声"。

中和韶乐中"乐"的特点是，和以律吕，文以五声，八音迭奏，玉振金声。五声即宫商角徵羽五音，用来和谐乐调。律吕即十二律，单律为阳律，双律为阴律又称吕，用来均平音声。八音，即用八种材料金、石、丝、竹、土、木、匏、革制成的乐器发出不同材质特点的声音。金、石之属的钟、磬启动乐音，丝、竹之琴、瑟、笛、箫形成曲调，匏属之笙发出和声，土属之埙加以装饰，革、木制成的鼓、柷规范节拍。古人认为只有不同材质、音色的乐器配合的完美和谐，不失阴阳伦次，神人才能相合，因此乐器编制必须八音俱全。八音之中又以金石之声为重，其他乐器的作用虽然不可替代，但都是为了协助烘托"金声玉振"的庄正厚重。

"金声"指"钟"发出的声音，"玉振"指"磬"发出的声音，金玉之声铿锵亢越，以其声为雅乐歌词作章句首尾标志，以击"钟"发声为始，击"磬"收韵为终。《孟子·万章下》有云："孔子之谓集大成。集大成也者，金声而玉振之也。金声也者，始条理也；玉振之也者，终条理也。始条理者，智之事也；终条理者，圣之事也。智，譬则巧也；圣，譬力也。""金声玉振"用钟、磬的发音特点和在雅乐中的作用象征一首完善的雅乐，以智而始，力行而终，有始有终，德行完备。孟子以"金声玉振"作比拟，称赞孔子集圣贤之大成，始终而一。同时也给具有德行象征作用的钟、磬以极高的评价，将钟磬推升到一个崇高的地位。

编钟一套应十二正律、四倍律，阴阳各8个，共16枚悬挂于一架，分悬上下两排，八阳律在上，八阴律在下。遇阳月，则击上排编钟；遇阴月，将下排八吕编钟移至上排。因此，无论何月，只击上排编钟而不击下排编钟，无论何调，变宫、变徵之钟是不击的。

此编钟应为一套16枚之一，16枚大小相同，以厚薄调音，厚者音高，薄者音低。这种形制的钟余振时间短，不会前音未尽，后音已出，混响一片，便于演奏旋律和谐发声。

被尊为"德音雅乐"的中和韶乐，以八音乐器进行演奏，和以律吕，文以五声，曲调平缓而不失庄重，气宇轩昂而又富于感染力，表达了人们对天神的歌颂与崇敬。其中重器"金声玉振"，更将有始有终的德音以其铿锵有力、庄正厚重的发声发挥得淋漓尽致。

4 沧桑经历

这枚编钟是1994年7月22日印度陆军参谋长乔希上将访华时，赠送给中国人民解放军总参谋部张万年总参谋长的。乔希上将介绍，这件编钟是1901年（庚子事变）一名叫道格拉斯（J.A.Douglas）的英军少校从北京天坛劫走的。这名少校将编钟带到印度（当时印度是英国殖民地），作为战利品存放在印度军队地面军团之第二枪骑兵团（园丁之马）军官俱乐部里。乔希将军入伍时就在该团当兵，曾梦想将来有一天把此物归还中国。乔希将军访华期间终于实现了这一宏愿。

经国家文物鉴定委员会专家组鉴定，1995 年 4 月 21 日国防部将该编钟经国家文物局、北京市政府移交天坛公园。

移交时，乔希上将将为这枚编钟制作的保护展示箱一并移交。箱体底座四面皆有铜片刻字铭记该钟失而复归的经历。铭文分别为：

"2nd lancers(Gardener's Horse) one of the oldest and most famous cavalry regiments of the Indian Army was presented this bell from the Temple oh Heaven in Beijing by Major J.A. Douglas in August 1901.Since then it was kept in safe custody in the Regiment's Officer's Mess.

On the occasion of the visit of Gen.B.C. Joshi, PVSM, AVSM, ADC, Chairman, Chief of Staffs Committee and Chief of Army Staff Indian Army, to China in July 1994, this bell is being restored to its original home."

"Presented by
General B.C. Joshi, PVSM, AVSM, ADC
Chairman Chiefs of Staff Committee ＆
Chief of the Army Staff, Indian Army
To
General Zhang Wannian
Chief of the General Staff, PLA, China
With Sincerest Good Wishes."

5　历史缩影

这件编钟经历了一个重要的历史事件，即清光绪二十六年（1900 年）庚子事变。这一事件是怎样发生的呢？

清末，政治腐败，国运日衰，1840 年鸦片战争使中国丧失了独立自主的地位，开始沦为半殖民地半封建国家。1894 年中日甲午战争失败，《马关条约》更给中国带来了空前的民族危机。战后，世界局势发生了激剧变化，殖民列强崛起，欧美主要资本主义国家进入帝国主义阶段，其特点就是大量资本输出，疯狂掠夺和瓜分海外殖民地、争夺海外市场。列强为了维护、扩张在华投资利益，展开了划分势力范围的激烈斗争。1897 年、1898 年间，德占胶州湾，法租广州湾，英租威海卫、九龙半岛，俄租旅顺、大连，以这些租界为据点划分势力范围。1900 年八国联军入侵中国的战争，便是直接瓜分中国的开端，清政府被武力驯服，与帝国主义签订了一系列丧权辱国条约和协定，开放通商口岸，铁路权丧失，金融市场和轻重工业被帝国主义垄断……

大局势下，一方小天地一个小个体是否能够独善其身？事实证明，覆巢之下焉有完卵。庚子事变直接导致了天坛驻军、天坛火车站修筑和文物大洗劫。

1900 年 8 月 16 日，八国联军各国司令官"特许军队公开抢劫三日"，北京陷入深渊。联军总司令瓦德西在给德皇的报告中称："所有中国此次所受损毁及抢劫之损失，其详数将永远不能查出，但为数必极重大无疑。"这日黎明，英美联军从永定门入城，侵占天坛，占用各处殿堂，在斋宫设总司令部，在神乐署内设兵站，使天坛遭遇严重浩劫。为了劫掠运输需要，他们将"京津"铁路由永定门外马家堡接入天坛，每天军队从天坛出发，烧杀抢掠。天坛内，到处堆放着联军劫掠来的财物，万佛楼的金佛、御苑的珠玉、故宫的珍宝、官府的朝服朝冠、平民的金银首饰、便服便帽，五花八门。抢回的东西，挑出好的装车外运，余下的卖给中国商贩，再由他们拿到天坛西大门外设摊出售，昔日禁地成为一望无际的摊贩市场，人称"洋货市""洋破烂摊"。

光绪二十七年（1901 年）八月初旬起，驻兵天坛的帝国主义侵略军高举着《辛丑条约》，满载着珠宝古玩陆续撤离，十月初一日全行撤出。之后，太常寺官员随同善后防务大臣及奉宸苑该管司员、承修要工大臣前往天坛接收勘察，斋宫、神乐署及其他库房陈设、器件大部遗失，乾隆朝精铸器件大部被掠。天坛仅祭器一项即损失 1148 件。太常寺存贮的金银祭器也均被洗劫一空。《天坛纪略》记载："英军驻军……撤离后仅存镈钟、特磬、编磬，其余全部遗失。"光绪和慈禧回京，当年冬至祭天仓促，奏请天坛应行制补陈设祭器等项的清单中，不计软片就至少应制补器物 1625 件。天坛现藏各坛庙祭器，多有光绪朝款识，均为此后制补所得。这件编钟便是此次事件被掠走的文物之一。

这件编钟虽然不幸，却又是幸运的。民国动荡，新中国百废待兴，文革十年动乱，多少年过去仍然国力积弱，改革开放以后中国终于迎来了全面振兴时代。天坛在大局势下，也翻开了发展的新篇章。探索天坛发展之路曲折，从 1979 年皇乾殿祭天文物走出库房展出的尝试，到 1984 年提出"以文物保护为前提，恢复历史原貌"为方向的规划设想，1986 年以斋宫试点举办祭天文物主题展览，1988 年皇穹宇、1990 年祈谷坛恢复原貌陈展陆续推出，终至 1992 年《天坛公园总体规划》审批通过，最终明确了按照天坛特色建设天坛，突出祭天文化，以文物保护为前提，加强各项服务设施、园容环境管理建设的发展方向。作为中国形象代表的天坛，它的发展是世界看中国的窗口，一个随着中国强盛而日益美好的天坛终于迎来了流失文物的回归。

这件编钟的回归意义非凡，它不仅是一件一级文物的回归，还是中国走出半殖民地屈辱，国运日昌，大国逐渐崛起的见证。这枚有着天坛"镇馆之宝"称谓的明代铜鎏金编钟如今被安放在展柜中（图 2），它讲述的不是自己的漂零，它在告诉人们：只有家国昌盛才能有所归依！希望中国国力日盛，能够促成更多文物的回归。

图 2 　明代铜鎏金编钟

An Exhibit Recording the Nation's Destiny—Bronze Chime Gilded with Gold in Ming Dynasty

Yuan Zhao-hui

Abstract: In the 2018 Temple of Heaven Centennial Opening Exhibition, an outstanding exhibit is the bronze chime gilded with gold in Ming Dynasty. It was robbed away from the Temple of Heaven by the invader in 1900, and eventually returned to home in 1995. The shape of the chime is elegant and the decoration pattern is rich in connotation. It is the main instrument of Zhonghe Shao Music. The history of the chime is an epitome of the Temple of Heaven. Its return witnessed the nation's destiny of China.
Key words: the Temple of Heaven; exhibition; cultural relics; return

作者简介

袁兆晖 /1972 年生 / 女 / 北京人 / 馆员 / 硕士 / 毕业于北京农学院 / 就职于北京市天坛公园管理处文研室

从外销瓷看中国园林对欧洲的影响

邢　宇

摘　要： 瓷器作为东西方日常使用的生活器皿，成为中西方文化交流的重要载体，随着中国瓷器的外销，中国传统文化也潜移默化地影响着欧洲各阶层人士的生活方式和生活理念。中国园林作为东方文明的典型代表，也引起了西方人对于自然式园林景观的思考，同时也对世界园林的发展起到了重要的推动作用。

关键词： 中国园林；外销瓷；欧洲；影响

中国瓷器始于商代，唐宋时期作为特产随丝绸输出国外，明代万历时期，荷兰东印度公司在海上捕获一艘葡萄牙商船——"克拉克号"，船上装有大量来自中国的青花瓷器，因不明瓷器产地，欧洲人把这种瓷器命名为"克拉克瓷"。随后中国的瓷器大批量销往欧洲市场。

中国园林肇发于商、周，盛于唐、宋，而集大成于明清。伴随着瓷器的外销，以瓷器为媒介，中国园林传到欧洲，一时间"中法园林""中英园林"大为兴盛。世界各国的造园风格也传回国内而被中华文化吸收，促进了中外文化的交流与发展。

1　中国山水自然观念的西传

唐宋时期，中国商船频繁往来于东亚、西亚以及东非之间，虽然中国的丝绸和瓷器少量传入到欧洲，但由于欧洲正处于内战和长达千年的中世纪黑暗时期，中华文明并未对西方文化产生影响，直到13世纪蒙古势力的兴起和元帝国的建立，成吉思汗的铁骑踏遍欧亚大陆，向西一直延伸到地中海沿岸，马可波罗便是在这样的历史背景下随他的父亲和教父来到了中国。1275年忽必烈在汗八里（北京）接见马可波罗父子三人，马可波罗在元朝任职17年，这期间他游历了许多地方，遇到了很多新鲜有趣的见闻，1294年马可波罗回到欧洲，在狱中由狱友代笔，写下了举世闻名的《东方见闻录》。

马可波罗使欧洲人真切感受到了中国的存在，引发了他们对这个神秘富饶的东方国家的好奇与向往。意大利罗马教廷察觉到这是一个难得的历史机遇，开始向中国派遣传教士，来往于欧亚大陆的商人和传教士将在中国的所见所闻传回欧洲，极大地震撼了正处于中世纪晚期的欧洲民众，中国的瓷器和山水画也被带入了欧洲，中国自然观第一次对欧洲产生影响，也间接地引发了文艺复兴的开始和中世纪黑暗专制的灭亡。

中世纪时期，宗教主导社会意识，绘画以宗教人物为主，没有三维空间层次感（图1），中国文化的西传（图2），使欧洲绘画中开始出现自然元素和三维空间层次，对文艺复兴时期的作品起到了重要的影响（图3）。

图1　中世纪细密画　　　　图2　宋《花坞醉归图》

图 3　达·芬奇《蒙娜丽莎》

2　明代海禁与大航海时代

　　朱元璋登基后便开始采取闭关锁国政策，例行"片板不许下海"，直至隆庆年间才开放了私人海上贸易，明朝海禁时期，瓷器外销时断时续，主要通过走私方式进行，1498 年葡萄牙人达伽马率船队绕过南非好望角抵达印度，开启了欧洲人的大航海时代。

　　葡萄牙人垄断了 16 世纪早期欧洲与中国间的贸易，在中欧贸易中断了近 200 年后，欧洲的商人和传教士们再次来到中国，将中国文化以游记和翻译著作的形式再次传入欧洲。万历十年（1582 年）意大利传教士利玛窦抵达澳门，他对中国园林的自然式山水中的假山、洞穴、花木、池水、游鱼等做了详尽的描述，这为之后欧洲出现真正意义上的自然式园林打下了基础。

　　1602 年荷兰东印度公司成立，曾两次试图与广州及福建进行直接贸易，在被拒绝后两次入侵澳门均被击溃，而后便采取海盗手段盘踞马六甲海峡，劫掠过往的葡萄牙和西班牙商船，最著名的就是 1603 年捕获"圣·凯瑟琳娜号"葡萄牙商船，上面满载 10 万件中国的克拉克瓷器（图 4、图 5），他们将货物运到阿姆斯特丹拍卖，在欧洲引起了轰动。瓷器上精美的东方纹饰和中国园林图案得到了法王亨利四世和英王詹姆士一世的兴趣，并在欧洲上层社会引起高度关注，从而引发了长达两百多年的中国热。而巨额的利润也坚定了荷兰人与中国通商的决心。

　　明朝末年繁荣一时的对外贸易使明末风格的瓷器畅销欧洲各地，据佛尔克先生所著的《瓷器与荷兰东印度公司》一书所载，"从 1602 年至 1682 年，在这短短的 80 年里，我国瓷器的输出量竟达 1600 万件以上。"而从

中国成功抵达荷兰的商船只有三分之一，1985 年打捞的荷兰沉船"盖尔德马尔森号"上便有 15 万件外销瓷。参照欧洲贸易公司的记录，17 世纪是中国陶瓷出口的鼎盛时期，每年输往欧洲的中国瓷器至少有 300 万件。据此估算，整个 17 世纪中国输出的瓷器总计应有超过一亿件，而附着在瓷器上的中国园林也遍布欧洲大陆。

　　17 世纪上半叶输入欧洲的瓷器已经开始改变欧洲人的生活习惯，瓷器上所描绘的明末风格的人物和自然风景深受民众喜爱，并且占据了欧洲主流审美。顺治元年（1644 年）清政府再次采取闭关锁国政策，不仅禁止一切对外贸易，还将百姓迁出沿海地区，导致沿海制瓷业遭受毁灭性打击，迫不得已，欧洲各地兴起了仿制瓷器的风潮。

图 4　明万历克拉克青花人物风　　　图 5　明万历克拉克青花人物瓷盘
景大盘

3　代尔夫特与英国骨瓷

　　代尔夫特是靠近海牙的一座古城，是荷兰重要的水上交通枢纽之一。早期代尔夫特制作蓝色、赭色为主的陶砖，当清朝实行严酷的海禁政策后，欧洲人重要的生活必需品突然断货，这给了代尔夫特一个前所未有的机遇。代尔夫特陶以白釉覆盖赭色陶土，并与蓝色釉结合，仿制出中国青花瓷的效果，并很快获得了大部分的市场份额，代尔夫特陶的畅销也引发了英、法、德、比等国家的进一步仿制，以至于后续仿代尔夫特的陶器均统称为代尔夫特陶。代尔夫特陶器上绘制的纹样在 17 世纪中期到 18 世纪末的一百多年里主要是中式山水、人物、花鸟等，这进一步印证了中国自然山水园林风格在欧洲的流行和受欢迎程度（图 6）。

　　早在 16 世纪初期英国就有了陶制品，它的出现甚至早于荷兰的代尔夫特，代尔夫特陶畅销时曾有很多英国陶工到代尔夫特工作。代尔夫特主导着欧洲的蓝陶市场，英国一直处于从属地位，直到 18 世纪中叶英国创造出印制瓷后，这种局面才被打破。英国工匠为了给陶土增白而加入骨粉，这形成了日后著名的骨瓷（图 7）。在德国迈森用高岭土成功生产出硬质瓷后，英国也将这种工艺

图6　荷兰代尔夫特仿五彩将军罐

图7　英国仿中式山水人物纹盘

4　水到渠成的欧洲自然风景园林

　　自 1603 年那场瓷器拍卖开始，中国瓷器引起了荷兰社会普遍关注。而荷兰绘画中风景元素逐渐占据主要角色也是在 17 世纪初期。马可波罗和利玛窦从中国带回的多是夸张的文字描述，直到 1675 年纽霍夫的中国游记插图才为欧洲人带去了较为准确的中国形象，在坦普尔的被誉为西方自然式造园开山之作的《伊壁鸠鲁的庭院》一书里也特意在中式非对称自然式园林的描述后注明"这种造园样式反映在中国生产的瓷器和壁纸之中"，可以看出，早期欧洲对中国园林的了解是来源于瓷器。在中国风席卷欧洲的 18 世纪中叶，几乎欧洲所有国家都会找到仿中式园林的痕迹。除各国皇家御园之外，中式园林也大量出现在公园与私园之中。

　　凡尔赛宫苑建成于 1709 年，是法王路易十四为了彰显自己的地位与国力的产物。凡尔赛宫是一个几何对称式的宫苑，它的产生，代表了法国古典主义园林最高艺术成就（图8）。建于 18 世纪的小特里亚农，是设计师按路易十六的王后玛格丽特的旨意，将中、英、法、三种造园手法巧妙结合，凸显了中国园林对其的影响（图9）。

　　丘园是钱伯斯为肯特公爵而造的，中英园林以中式亭台、带回栏的小桥为标志，在造园理念上推崇自然式不规则的设计就来自中国古典园林的启发。建于 18 世纪的丘园和中式宝塔正是那个时代英国中国风的缩影。丘园宝塔本身是仿造南京大报恩寺琉璃塔，因为钱伯斯本人并未到过南京亲眼见过大报恩寺琉璃塔，那么他所建的丘园宝塔应该是受到了纽霍夫中国游记插图的影响（图 10）。

　　中国园林则更多地用"借景"的手法将塔表现出来，用远处的塔景将自身的园林景观表现得更加美观。宝塔作为中国园林的一种代表在瓷器中也有广泛的体现。中国园林的四大要素：建筑、植物、山水、地形，在瓷器上也表现得淋漓尽致（图 11）。

　　美国风景园林之父奥姆斯特德在设计纽约中央公园

引入，并很快将铜版印刷技术应用于制瓷工艺中，开始大批量生产印制纹样的硬质瓷器。大量有"菲茨休"边饰和中国园林图案的瓷器成为市场主流。英国人凭借新工艺，以大批量和低成本，快速地从中国瓷器领地抢夺地盘，而中国还沿用手绘图案方法，直至 19 世纪初，中国外销瓷开始逐渐退出欧洲市场。

图8　凡尔赛宫

图9　小特里亚农宫花园一角

图10　英国丘园塔

图 11　瓷器上的中国园林四要素

时，也依然沿用这种风格，这种混搭式的造园形式广为其后的造园师所爱，至今盛行不衰。

5　结语

从 13 世纪蒙古帝国西扩，宋代山水画输出到地中海流域，到 17 世纪大航海时代刺激东西方贸易往来，我们可以得出一个基本结论，那就是文明间的历史性的重大影响都分为外因和内因两大因素。重大历史事件为东西方文明交汇带来了巨大外部冲击，同时人们也有着向往自由与亲近自然的内在愿望。从文艺复兴到近代西方自然观，中国园林文化都对其形成产生了根本性的影响，中国外销瓷在这一进程中起到了重要的文化载体作用，其价值远远超出了自身的实用和观赏价值。

参考文献

［1］中国古陶瓷学会. 外销瓷器与颜色釉瓷器研究［M］. 北京：故宫出版社，2012.
［2］马晓暐，余春明. 华园薰风西海岸——从外销瓷看中国园林的欧洲影响［M］. 北京：中国建筑工业出版社，2013.
［3］英.TomTurner. 英国园林——历史、哲学与设计［M］. 北京：电子工业出版社，2015.

The Chinese Gardens' Influence in Europe from the Perspective of Export Porcelain

Xing Yu

Abstract: Porcelain, as a daily life utensil used by the East and the West, has become an important carrier of cultural exchanges between China and the West. With the export of Chinese porcelain, Chinese traditional culture has also exerted a subtle influence on the lifestyles and life concepts of people from all walks of life in Europe. As a typical representative of Oriental civilization, Chinese gardens have also aroused Westerners' thinking about natural gardens and played an important role in promoting the development of world gardens.
Key words: Chinese garden; export porcelain; Europe; influence

作者简介

邢宇 /1985 年生 / 男 / 北京人 / 助理工程师 / 中国园林博物馆北京筹备办公室 / 研究方向展览陈列

明清时期北京天坛"御路"位置考证

吴晶巍

摘　要： 天坛为现存规模最大、等级最高的明清时期的皇家祭坛，其外坛被占区域 "御路"规制研究对未来区域腾退后环境整治具有指导意义。本文通过研究天坛建筑规制、历史坛路和历史资料记载 3 部分对天坛御路位置进行考证，并提出环境整治与御路遗址保护、展示建议。

关键词： 天坛；御路；位置；建议

天坛建于明永乐十八年（1420 年），为明清两朝皇帝祭天、祈谷和雩祀（求雨）的场所，是我国乃至世界现存规模最大、等级最高的皇家祭坛，于 1998 年被列入世界文化遗产。天坛历史坛域为内外两道坛壝，占地约 273 公顷。由于历史原因，其外坛（主要为三南外坛）自民国初年开始相继为外单位和居民区所占用，占地共计约 72 公顷（图 1）。由于被占用，其外坛区域历史建构筑物如神乐署外院、牺牲所、銮驾库、崇雩坛、御路等

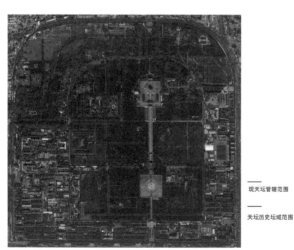

图 1　天坛现管辖范围及历史坛域范围

现天坛管辖范围

天坛历史坛域范围

已消失殆尽，难觅踪影。自 2010 年开始，天坛外坛被占区域相继启动居民简易楼和部分单位搬迁腾退工作，截至目前已拆除居民楼二十余栋，3 家占地医疗单位有新址搬迁计划，其中天坛医院已经启动医疗区整体搬迁。依据《北京城市总体规划（2016—2035）》及我国申报世界文化遗产时提交文件的相关要求，外坛被占区域待腾退后将以绿化为主，并应遵从世界文化遗产关于"真实性"和"完整性"两大价值前提。因此，随着区域腾退进展，区域遗址位置、规制及环境整治方案研究也变得迫在眉睫。"御路"作为古代帝王在天坛祭祀的行经之地，不仅是重要的遗址遗迹，同时也对内外坛域绿化风貌形成有着重要的影响作用。因此本文特将此作为研究对象，确定御路位置，以期对未来区域环境整治有借鉴意义。

1　"御路"释意

"御"在古代汉语词典中有这样一种解释：帝王所用或与之有关的事物，如御用、御览、御旨、御制等，因此古代皇帝到天坛祭祀所走的路应称作"御路"。这在古代典籍中也得到了证实：《金陵玄观志》收录的一张神乐观图中清晰地显示了南京大祀坛（北京天坛前身）西外围的部分格局，其中外西天门（北京天坛称祈谷坛门）为皇帝每次出入大祀坛进行天地合祀的必经之门，从外西天门到西天门的路清晰地标明为"御路"，同时可看到此路形制明显区别于其他道路[1]（图 2）。

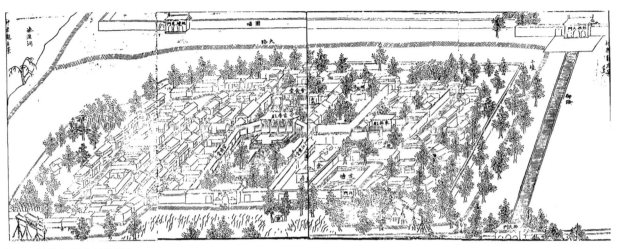

图2　《金陵玄观志》神乐观图

因为皇帝到天坛祭祀多乘礼舆，因此很多人也误把"御路"写作舆路，虽一字之差，但要意却有所差别。"舆"古意多指车，因此在古代所有乘车的大路都可称作舆路，天坛的路因为是皇帝亲祀所以等级很高，同时，明清两朝皇帝到天坛雪祀还有步祷之礼，即步行来天坛进行祭祀。因此，称作"御路"更为准确。

2　天坛建筑规制概述

明清时期天坛主要有3大祭祀活动：祭天、祈谷、雪祀。祭祀目的不同，祭祀建筑就会不同，导致祭祀路线也会不同。

同时建筑规制的改变对祭祀路线的调整也有着直接的影响作用。

北京天坛于明永乐十八年（1420年）仿南京大祀坛而建，最初为天地合祀，祭祀地点在现今的祈谷坛位置；明嘉靖九年（1530年）实行天地分祀旧制，在现今祈谷坛南建圜丘坛专用于祭天，自此祈谷设在祈谷坛，而祭天则改在了圜丘坛；明嘉靖十一年（1532年）在圜丘东泰元门外另建崇雪坛专用于雪祀，但建成后甚少使用，仍多在圜丘坛举行，后于清乾隆十二年（1747年）作为"废坛"被拆除；清乾隆曾对天坛诸多建筑进行了改扩建，但内外坛域格局未有改变，仍实行祈谷坛祈谷，圜丘坛祭天、雪祀之礼。此外，清乾隆朝曾在天坛增加了3座坛门，阶段性地改变了祭祀路线，包括：乾隆十九年（1754年）在祈谷坛门南建圜丘坛门，自此，祭天走圜丘坛门，祈谷仍走祈谷坛门；乾隆三十七年（1772年）和四十六年（1781年）以"略省步趋之老"分别于祈谷坛西建花甲门和在皇乾殿西垣建古稀门（图3）。[2]

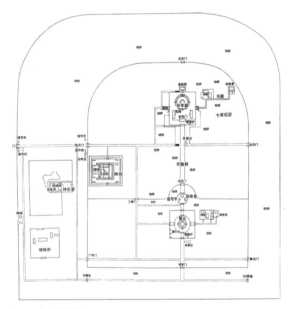

图3　天坛清代全图

3　天坛御路规制考证

3.1　历史坛路考证

历史坛路位置是与历史资料记载相互佐证确定祭祀路线的重要部分。历史坛路与御路是包含与被包含的关系，御路一定是历史坛路，但历史坛路并不一定都是御路。

在明清时期，天坛为皇家祭坛，不对外开放，主要用于皇家的祭祀活动，其历史坛路因功能需求设置十分简单，一是服务于天，为神路；二是服务于祭祀，为御路；三是因坛户的管理需求而形成的小路。天坛于1918年作为人民公园对外开放，因公园属性所需，增加了很多新的道路，同时历史坛路因占用和建设等原因部分已经改变或消失。

　　天坛自清乾隆时期改扩建后建筑规制已达到完备，因此以乾隆朝为时间节点对天坛历史坛路进行考证。

　　从天坛清代全图中可看出届时泰元门外崇雩坛已经被拆除，同时可以看到圜丘坛门、花甲门和古稀门在图上已经有显示，因此判断此应为清乾隆1781年以后的图。图中天坛坛路体现较其他地图完备。将此图与此时期之前的天坛地图进行对比研究（图4、图5、图6），并对此图中的现有历史坛路进行补充完善（图7）。

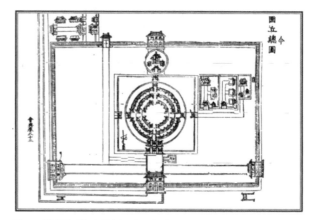

图4　《大明会典》嘉靖九年（1530）圜丘坛图

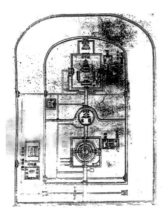

图5　《嘉庆会典》清乾隆天坛全图

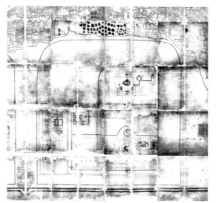

图6　《京城全图》中天坛部分

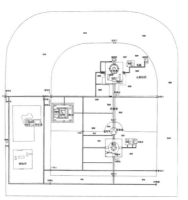

原有历史坛路

补充历史坛路

图7　根据历史地图推测清乾隆时期历史坛路

3.2　祭祀路线考证

　　根据史料记载中描述的天坛祭祀文字进行祭祀路线整理归纳。

3.2.1　明时期

明时期的祭祀路线见表1。

明时期的祭祀路线　　　　　　　　　　　　　　　　　　表1

大祀圜丘祭祀路线 [3]	祈谷大典祭祀路线 [4]	雩祀祭祀路线 [3]
前期五日 1. 西天门旧路至牺牲所南门迤西，上降辇 2. 牺牲所视牲（至所内幄次奏请视牲，至各牲房前视大祀牲，逐一视毕，导上至幄次内） 3. 少憩出，导上升辇，驾还 前期一日 1. 乘舆至南郊，由西天门入至昭亨门西降舆 2. 由昭亨门左门入至内壝南门，至圜丘恭视坛位 3. 次至神库视笾豆，至神厨视牲 4. 仍由昭亨门出，升舆至斋宫 正祭日 1. 皇帝祭服自斋宫乘舆出，至外壝神路之西降舆 2. 至神路东大次 3. 上具祭服出，由内壝左棂星门入，行大祀礼 4. 毕，上至大次易常服 5. 至斋宫，少憩 6. 驾还	前期一日 1. 皇帝乘舆诣南郊坛内西天门至神路迤西降舆 2. 大享南门左门入 3. 至大享殿左门入恭视神位毕 4. 东陛下，至神库视笾豆，至神厨视牲 5. 大享南门出 6. 乘舆至斋宫 正祭日 1. 皇帝常服乘舆从斋宫东门出，至神路之西降舆 2. 导驾官导上至大次，具祭服出 3. 由大享南门左门入，行祈穀礼 4. 祭毕，皇帝入大次易常服出 5. 不回斋宫即从西大门还至太庙，仪毕还宫	正祭日 1. 上乘舆，至昭亨门西降舆 2. 过门东，乘舆至崇雩坛门西降舆 3. 导上至帷幕内，具祭服出 4. 导上至拜位行礼，礼毕 5. 上至帷幕内易服 6. 驾还

3.2.2 清时期
清时期的祭祀路线见表2。

3.3 确定御路位置

3.3.1 补充历史坛路
将根据历史地图推测清乾隆朝的历史坛路和史料记载中关于祭祀路线的文字描述进行对比研究，根据石桥丑雄《天坛》中"乾隆二十七年定在幄次西方神路西阶下-外壝南棂星门外神路西南丈余处为皇帝诣坛的降辇处，

还宫升辇从来都是在圜丘正门正面昭亨门左门外。"的记载，对比天坛1945年航拍图（图8），将历史坛路再次进行补充完善，如图9所示。

3.3.2 御路位置
根据以上研究确定明清不同时期天坛祭天、祈谷、雩祀的祭祀路线，如图10～图14所示。
由祭祀路线分析与天坛历史坛路对照可确定天坛御路位置，如图15所示。

清时期的祭祀路线　　　　　　　　　　　　　　　　　　表2

清大祀圜丘祭祀路线 [4][5]	清祈谷大典祭祀路线 [4][5]
前期一日 1. 至昭亨门外降辇，由左门入（乾隆十九年奉旨增建圜丘坛门，嗣后遇祭天坛，即进新建之南门，祭祈年殿，仍进北门；乾隆三十五年先如斋宫，自此易礼舆，至神路西降） 2. 步诣皇穹宇，于上帝、列圣前上香 3. 诣圜丘视坛位 4. 视笾豆、神厨毕 5. 帝出内外壝南左门 6. 至神路右升辇，诣斋宫 祭日 1. 御祭服乘礼舆从斋宫出换乘玉辇，至外壝南门外神路西降辇 2. 在具服台幄次内少息 3. 大次出，外壝南左门入，诣圜丘行祭天礼 4. 由内壝南左门出，至望燎位，望燎 5. 由外棂星门东门出更衣幄次内，更衣毕 6. 从昭亨门东门出升辇处升辇，还宫 （乾隆十九年奉旨增建圜丘坛门。乾隆二十七年定在幄次西方神路西阶下-外壝南棂星门外神路西南丈余处为皇帝诣坛的降辇处，还宫升辇从来都是在圜丘正门正面昭亨门左门外。嘉庆九年到十九年由广利门出还宫，二十年以后由二座门经内西天门出还宫）	前期一日 1. 乘舆出太和门街下升辇赴南郊，至南砖城门外南神路的西侧降辇 （乾隆三十七年升辇至斋宫，自斋宫东乘礼舆至西砖门左门止。乾隆四十六年在皇乾殿西南角建古稀门，以略省步趋之劳） 2. 从砖城左门和祈年左门入至皇乾殿神位上香行礼 3. 诣祈年殿视坛位，遣官视笾豆牲牢 4. 祈年门出至斋宫，宿天坛斋宫 祭日 1. 御祭服乘礼舆宫出换乘玉辇，至南砖门西侧降舆 （乾隆三十七年设花甲门，由花甲门入） 2. 入更衣幄次 3. 从砖城门左门经祈年门左门入，上正门东阶从祈年殿东门入，行礼 4. 礼毕由祈年殿出，降正面东阶，出祈年门左门，至望燎位行望燎礼 （明朝不设望燎礼，清顺治十七年开始举播柴行望燎礼） 5. 皇帝大次更衣出 6. 至神路西降辇处升辇从西天门出，还宫

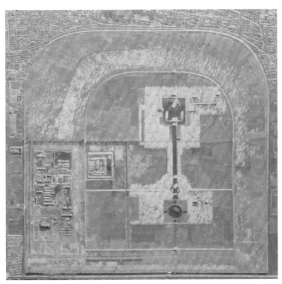

图8　1945年天坛航拍图

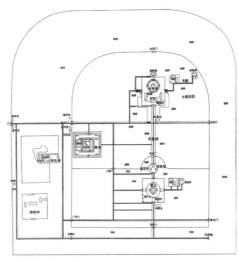

原有历史坛路
根据历史地图补充历史坛路
根据史料记载补充历史坛路

图9　根据史料记载清乾隆时期历史坛路推测

91

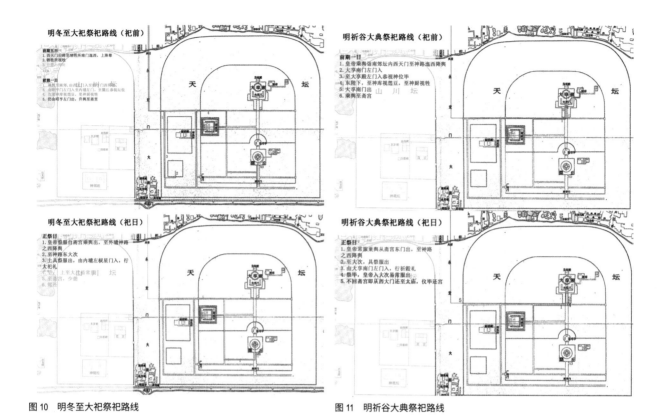

图10　明冬至大祀祭祀路线

图11　明祈谷大典祭祀路线

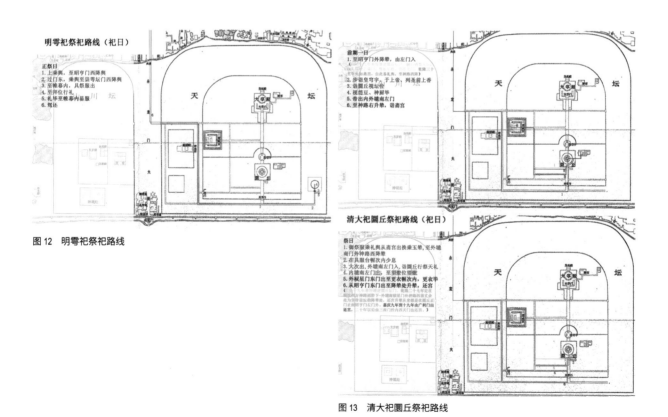

图12　明雩祀祭祀路线

图13　清大祀圜丘祭祀路线

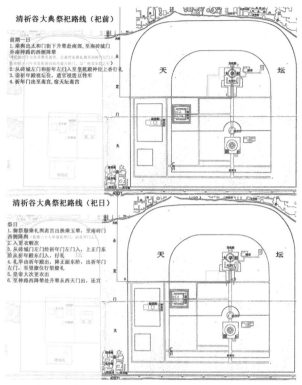

图 14　清祈谷大典祭祀路线

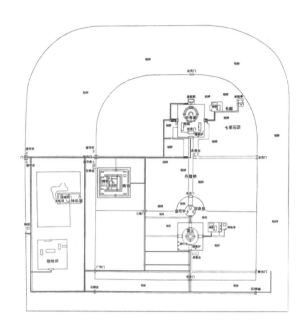

图 15　天坛御路位置

4　结语

　　御路作为明清时期皇帝来天坛祭祀的路线，对沿途绿化风貌的形成具有直接的影响作用。据史料记载，明清时期多栽植槐树作为行道树。同时为了营造祭祀空间氛围，沿途绿化密度也有差异。建议被占区域腾退后恢复御路规制，按古制，以槐树作为行道树。同时，研究历史植物风貌，综合御路研究成果，对外坛被占区域植物进行详细设计，最大限度尊重世界文化遗产真实性，恢复天坛外坛历史风貌，同时兼具公园休闲功能，将内坛市民活动逐步引入外坛区域，服务于社会功能。

参考文献

[1]　（明）葛寅亮.金陵玄观志［M］.南京：南京出版社，2011.

[2]　北京志（天坛志）［M］.北京：北京出版社，2006.

[3]　（明）申时行，等.大明会典［M］.北京：中华书局，1989.

[4]　（日）石桥丑雄.天坛［M］.出版单位不详.

[5]　赵尔巽.清史稿［M］.北京：中华书局，1977.

The Emperor Road Regulation of the Temple of Heaven in Beijing of Ming and Qing Dynasties

Wu Jing-wei

Abstract: The temple of heaven is the largest and highest ranking royal altar in the Ming and Qing dynasties, the research on the regulation of " Emperor Road " in the occupied area of the outer altar will be of guiding significance to the environmental improvement in the future. This paper restores the position of the Temple of Heaven Emperor Road by studying its architectural regulation, historical road and historical records, and proposed environmental protection, and the protection and presentation of the emperor road.

Key words: Temple of Heaven; Emperor Road; Position; Proposal

作者简介

吴晶巍／女／ 1980 年 7 月生／本科／北京市天坛公园管理处／工程师／ 741144656@qq.com.

颐和园与彼得宫花园理水分析比较

孙 萌

摘 要: 水是园林构成的基本要素。中国和俄罗斯在思想文化艺术等方面存在差异,两国对水在园林中的理解和运用也迥然不同。颐和园是中国古典皇家山水园林的代表,南北方园林艺术的集大成者,园中理水的意境和手法既体现了北方园林的豪放大气,又兼顾南方园林的清秀婉约。彼得宫花园作为俄罗斯勒诺特尔式园林的代表,充分吸收了欧洲巴洛克自由变化、炫目立体的艺术风格,花园理水借鉴意大利、法国古典园林中对水的表现理念和手法,形成了活泼跳跃、动静结合的独特表现形式。本文通过对中俄古典皇家园林理水意境、理水手法的初步比较分析,试找出两国理水差异存在的原因。

关键词: 古典园林;颐和园;彼得宫;理水;比较

1 中俄古典皇家园林概况

1.1 颐和园概况

颐和园位于今北京市西北,距离市中心约 15 千米。全园占地面积 300.94 公顷,其中水域面积占总面积的 3/4。园林初建于 1750 年(清乾隆十五年)名清漪园,是清朝统治者在京西地区建造的最后一座皇家山水园林。园林修造最初目的:为了满足乾隆皇帝游赏享乐,所谓“山水之乐,不能忘于怀”;用行动彰显帝王“以孝治天下”的决心,乾隆皇帝把清漪园作为其母崇庆皇太后六十岁的寿礼;对西北郊水系进行整治,园中昆明湖开拓疏浚后,实现了防洪蓄水、开源节流的目的,成为西郊重要的水库。清漪园经十五年的修造,1764 年完工。园林融合了南北方园林、寺庙园林等风格,水贯穿全园各处景致,是中国古典园林造园艺术的集大成者。清咸丰十年(1860 年),清漪园在鸦片战争中被英法联军烧毁,饱受践踏的园林面目全非。统治者迫于内忧外患,无力修复,园林在荒废数十年后,清光绪十二年(1886 年),实权掌控者慈禧皇太后借还政于帝、颐养天年为名,在原址上复建清漪园,并改名为颐和园。重修后的颐和园山水布局基本保持了原有的形态,前山主要宫殿、庙宇、亭台、楼阁等建筑基本恢复。后期虽又经战火洗礼、政权交替更迭,但园林历史风貌、山水格局、主要建筑等仍留存至今,成为中国古典皇家园林中保存最为完整、内涵最具有延续性的代表(图 1)。

图 1 北京颐和园

1.2　彼得宫花园概况

彼得宫花园位于圣彼得堡郊外，距市区约 30 千米，濒临芬兰湾。花园始建于 1709 年，又称为"阿列克桑德利亚"的花园，由上花园、大宫殿、下花园三部分组成，总占地面积约 800 公顷。彼得宫花园是俄罗斯彼得大帝审美情趣和艺术崇拜的集中体现，彰显出俄罗斯帝国的盛世威严。花园以法国凡尔赛宫为设计蓝本，采用几何对称式园林布局，中轴线由运河、草地、园路及丛林构成，两侧分布着花园、建筑、喷泉、雕塑等。彼得大帝为了把花园打造成具有俄罗斯风格的勒诺特尔式园林，特聘法国、意大利等国著名设计师，遍寻能工巧匠，历经十余年施工建造，花园于 1723 年竣工。整座园林利用地势起伏剧烈的特点，对"水"加以巧妙利用。园内共有一百五十余座喷泉及瀑布，因此彼得宫花园又有"喷泉王国"的美誉。喷泉成为贯穿园林的灵魂要素，并与宫殿、园林紧密结合，浑然一体。彼得宫花园在第二次世界大战中遭到德国法西斯严重破坏，大宫殿被炸毁，整座花园几乎变成一片废墟。1944 年重新复建后，再次焕发盎然生机。彼得宫花园是俄罗斯造园史上空前壮丽的皇家园林，是模仿欧洲成熟造园艺术的一次伟大尝试。对俄罗斯园林艺术的发展，起到极其重要的推动作用（图 2）。

图 2　圣彼得堡彼得宫花园

2　中俄古典皇家园林理水意境的分析比较

2.1　颐和园中的理水思想

2.1.1　崇尚自然，天人合一

道家崇尚"道法自然，师法自然，天人合一"的思想，深刻影响着中国古典园林的造园艺术。颐和园在建园前，就有着"十里青山行画里，双飞百鸟似江南"的婉丽秀景。园林的构建者乾隆皇帝看中了此处得天独厚的山水格局，因地制宜，巧借善补，通过拓宽湖堤、凿挖湖泥、加高山体，搭建出山抱水嵌的完美框架。用最少的人工雕琢去弥补

原始山水的地貌缺憾，最大程度去保持自然的原真性。园中建筑与水面相生相伴，亭台、楼阁、轩榭、斋堂等依临水面，人在园中游赏休憩，人影、水景相映成趣，人成为园林景致的跃动元素，与园林共生，相互滋养。

道家长生不老的神仙思想在颐和园中也得到了充分阐释。昆明湖一池三岛的布局最早出现在汉武帝的建章宫，后经历朝演绎，逐渐发展成为皇家造园的独享规制。昆明湖中有三座用湖泥堆砌而成的岛屿——南湖岛、治镜阁岛、藻鉴堂岛，代表着神仙居住的蓬莱、瀛洲、方丈三仙岛。湖中还分布着三座小岛，小西泠、知春亭、凤凰墩，相伴三大岛，点缀在水面之上。大小仙岛的组合设计，巧妙传达出清朝统治者渴求江山稳固、与天地共生的强烈愿望（图 3）。

图 3　颐和园昆明湖航拍图

2.1.2　大气含蓄，以静为主

水景是园林性格精神的真实写照。中国古典皇家园林大气恢宏，水景辽阔浩渺。私家园林玲珑雅致，水景回环柔滑。颐和园汲取了南北方造园思想的精髓，全园三处水景——昆明湖、后溪河、谐趣园池，水域面积由大至小，分别代表海洋、湖泊和河流。园中水景包括了水在自然界中的主要表现形式。前山景致以宫殿寺庙建筑为主，昆明湖用宽广如镜的水面作底，映衬出建筑群的壮丽辉煌。后湖水面狭长，依苏州街街岸起伏，曲折蜿蜒间有收有放，有聚有散，与昆明湖开阔的水域形成鲜明对比，表现出园林水景洒脱沉稳、开合自如的气质内涵和形态变化。

谐趣园位于园内东北角，方寸间尽显南方私家园林的雅致。园中池水引自后溪河，在悄然流淌中赋予了山石、花木、建筑等小品无限的生命活力。造园家陈从周先生在《说园》中阐述了"园林用水，以静止为主"的观点。颐和园中的水景在展现静态之美的同时，借助堤岛对水面的分割、驳岸的处理、植物的遮挡填补了水面的空洞之感，扫除了沉闷之气，塑造出园中水景立体多元的思想内涵（图 4）。

图 4　颐和园谐趣园

2.1.3　突出意境，水中有情

中国古典园林是写意山水园林，是造园者感性思考的作品。园林景致是对自然形态的描摹，园中的一花一草、一树一木都蕴含着丰富的人文情怀。这种情感的表达是内敛深厚的，植根于传统的儒、释、道哲学精神。颐和园的造园意境也是三家精神在园林中的直观反映。颐和园中用"入画"的方式营造园林的物质空间，人在山水中穿梭行走，宛如长卷画中游。在精神空间的表达上追求"诗意"。乾隆皇帝曾为清漪园赋诗四万余首，诗情画意，情景交融，园林的魅力都镌刻在湖光山色之中。

水与人类生存发展息息相关，密不可分。水被古人赋予了人性化的品格与特征。水是坚毅的——滴水穿石，水是智慧的——智者乐水，水具思辨精神——水能载舟，亦能覆舟。水的形象立体而丰满，在中国文化艺术中占据着重要的地位。水的实用性和可塑性在园林中也得到了充分的应用和延展。颐和园谐趣园清新素雅，园中布局精妙，小中见大，奇趣盎然，文人气息浓郁。园中的知鱼桥，是引自庄子和惠子"秋水濠上"的辩论典故，取意知鱼不知乐。表达古代文人自得其乐，出世豁达的哲理。乾隆皇帝打造谐趣园这座园中桃源，其意也是为自己寻一方放飞心灵的乐土（图 5）。

2.2　彼得宫花园中的理水思想

2.2.1　利用人工，讲究理性

彼得宫花园遵从西方古典园林唯理主义哲学思想，园林要经过人工精心雕琢后，自然元素才能转变为园林元素。粗糙散漫的自然状态被造园者竭力排斥，他们认为严谨的几何构图才是美的正确表达。彼得宫花园效仿法国勒诺特尔式园林建造而成，方正的花园、笔直的林道、对称的花坛、分布规律的泉池、比例和谐的建筑，凸显出娴熟的造园技艺。

意大利园林水景以数量取胜，法国园林水景强调中轴对称。彼得宫花园兼容并蓄，园中水景被演绎得淋漓尽致。在宫殿前、中轴线上、丛林中，装点有镜面式水池（图 6）、阶梯式瀑布（图 7）、雕塑式喷泉（图 8）等水景设施。彼得大帝充分利用当时欧洲先进的动力学、光学、透视学等科技手法，完美呈现出绚烂多姿的水景效果。彼得宫花园中对水的处理，强调人对水的充分干预，突出理性在认识自然中的作用。

图 6　彼得宫花园镜面式水池

图 5　颐和园谐趣园知鱼桥

图 7　彼得宫花园阶梯式瀑布

图8　彼得宫花园雕塑式喷泉

2.2.2　张扬奔放，动静结合

彼得宫花园理水追求视觉上的冲击与震撼，各种姿态的水景以直观率真的方式，毫无保留地呈现在人们眼前。彼得宫最负盛名的水剧场，建在大宫殿的平台下方，利用地势落差，水景宛如巨幕帘洞。水在喷洒淋溅、起伏跌落时，创造出扣人心弦的声音效果，配合金碧辉煌的巴洛克风格雕塑、装饰、建筑，演剧场般的视听盛宴呈现在眼前，带给人们声色的愉悦与享受。雕塑与水景组合成的水剧场，是彼得大帝巧思妙想的杰作，是庆祝俄罗斯与瑞典在北方战争中取胜的记功碑。

在彼得宫花园中，跃动的水流遍布全园，奏响一曲曲跌宕起伏的生命乐章。除了银珠飞溅的动水，园中也引入了平缓的"镜面水"来映衬景致。水剧场下方的半圆形大泉池，池中有数十个喷口，水从四面八方喷射出来、水柱高低起伏，构成一片纵横交织的水网。水顺势流淌，汇集在半圆形泉池中，打破了水面原有的宁静。一动一静间对比强烈。水沿着参孙运河汇入辽阔深远的芬兰湾，最终归于平静（图9）。

2.2.3　注重实用，富于创意

西方园林理水是综合各学科理论的实际应用。水在

西方意识中虽有洗涤人们灵魂、净化思想的隐喻，但并没有继续延伸发展。彼得宫花园中有以希腊众神、动物植物、俄罗斯神话为原型的大理石雕塑，只作为水的依托承载单纯出现，并没有赋予水深刻的内涵和意义。理水，更多表达的是人在掌控征服水之后，产生的喜悦与骄傲。在彼得宫花园中，水转化为自然动力、建筑从属及温湿调节器。水在人的严格约束下，发挥出了最大实用价值。

彼得宫花园中的水景呈现出炫目璀璨、高高在上的严谨姿态，但也注入了自由欢快的精神。花园中有彼得大帝设计的惊愕喷泉，又称为水玩笑。喷口被安装在雕塑、洞穴、花坛或座椅等隐蔽位置上，不轻易喷水，只有在人经过靠近时，水会在不经意间喷涌而出，出其不意。相传彼得大帝曾多次戏弄朝臣使节，在他们经过时打开机关，细细的水雾，弧形的水柱瞬间倾洒。人们在惊愕之余，彼得大帝却如孩童般偷笑，这也成为他减压放松的方式。花园中的水景以其实用、创意性弥补了意韵的寡淡。水化身为善意的玩笑，调节了帝王肃板的政治生活，缓解了君臣间紧张压抑的情绪，起到了娱乐大众的作用。

3　中俄古典皇家园林理水手法的分析比较

3.1　水源引水

3.1.1　北京颐和园

《园冶·相地》有云："立基先究源头，疏源之去由，察水之来历。"在选址造园前，需要勘察水源的位置、流量、水质、方向等。充沛的水源供给是造园的先决条件。颐和园昆明湖在拓挖前，自然低洼的地理位置，促成了天然湖泊的形成。乾隆年间，昆明湖经过人工挖掘后，结束了天然湖泊的地貌，地下湖演变为地上湖。颐和园为山水园林，水流经贯穿全园，湖中积蓄的水量远不能满足需求。玉泉山位于颐和园西北方，拥有三十余处泉眼，引泉水入园，即保证了全园河湖水量补给，泉水质清透明也可满足园内灌溉及生活用水量（图10）。

图9　彼得宫花园水剧场

图10　颐和园昆明湖

3.1.2 彼得宫花园

西方造园对园林地理位置的选择并不考究，自然环境越恶劣，越可激发人类改造自然的勇气和斗志。造园者善于运用科学技术，创新手法，不断尝试干预、改造、利用自然。彼得宫花园虽效仿法国凡尔赛宫建造，但在理水手法上，成功摒弃了凡尔赛宫选址的弊端。没有把花园建造在寸草不生、水源枯竭的偏僻之地，而是选择紧邻芬兰湾的位置，利用人工河、水渠，建造设计周密的水利工程系统，把波罗的海的海水输送到彼得宫花园。水经喷泉喷涌而出，流向运河，再注入大海。如此循环往复，源源不断，波罗的海成为其永不枯竭的水力之源（图11）。

图12 颐和园后溪河（一）

图11 彼得宫花园运河喷泉

图13 颐和园后溪河（二）

3.2 水道水尾

3.2.1 北京颐和园

陈从周先生在《说园》中写到："水曲因岸，水隔因堤。"昆明湖经人工凿挖后呈寿桃形，驳岸弯转有度，圆润流畅，湖中堤岸分割水道，形成"有分有聚、以水环岛"的格局。后溪河驳岸曲折蜿蜒，水体沿岸形而动，柔美顺滑。水周以山石建筑、树植花木为掩映，营造出深邃静谧之感。驳岸材质以土石为主，近邻水面堆叠搭砌，错落有致。中国古典园林对水尾的处理方式有两种，一种直接与园外河道相连，一种通过地下暗道与园外河道相连。颐和园昆明湖上连玉泉山，下接昆玉河，水面由开阔逐渐收缩变窄，直至与外河道相通，形成了向京城供水的完整系统。万寿山后溪河水由昆明湖水引入，水自西向东环绕万寿山后山，地势把后溪河一分为二：南向水流经玉琴峡流入谐趣园，东向水流由霁清轩内清琴峡流向圆明园。园内积水通过水尾分流排出，有效降低了涝灾的发生（图12、图13）。

3.2.2 彼得宫花园

花园中的水道设计也深刻融入了严谨规整的造园理念。园中水道笔直，呈梯形、链形、多边形、矩形等线性图案。结构简单清晰，与周边花木建筑分隔明显，一目了然。驳岸和水池一般选用坚固光滑的大理石，上面雕有风格各异的图案，或精致繁复或明快简洁。彼得堡夏宫丛林中，有一座人工搭造的棋盘山，利用坡地的陡势，建成三级梯形斜坡，并用黑白色大理石做装饰，形成棋盘状的布局。水从山中岩洞流出，沿着斜坡层层下落，水道由窄变宽，水流由急到缓，水声由动到静，最终落至棋盘山下的大水池中（图14）。彼得宫对水尾的处理手法独特，园中的泉水、沼泽积水、灌溉用水等通过运河狭长的河道，注入芬兰湾，作为花园水尾处理的收笔。运河河道呈直线延伸仿佛与天相接，这种对水尾的处理方式，是艺术性与实用性的完美结合（图15）。

图14　彼得宫花园棋盘山

图16　颐和园凤凰墩

图15　彼得宫花园运河

图17　颐和园后溪湖

3.3　空间布局

3.3.1　北京颐和园

水景是东方园林的骨架，支撑起园林的血肉与灵魂。颐和园中水景贯穿园林各要素，起着重要的支配作用，对全园空间布局有着深刻的影响。水景营造出颐和园景致丰富的空间表现形式。前山区宫殿庙宇气势恢宏，光线明亮，视野开阔。水景在空间布局上强调层次与递进。昆明湖水面宽大，借助堤岛、桥梁、花卉植物，被分隔成大小不等、景观多变的小水面。平面空间以三岛为坐标，视觉呈线性逐渐延伸扩展至云辉玉宇牌楼。在昆明湖的托浮下，三岛上建筑并不突兀，随着视线在移动中攀升，经万寿山主体建筑排云殿、佛香阁、智慧海到达山顶，构成了园林景观的立体空间。后溪湖建筑以斋堂院落为主，布局分散，自成一体。建筑依傍山路走向，蜿蜒起伏，在婆娑树影中，若隐若现，与后山江南气息相融。狭长的后溪湖盘活了后山空间布局，人站在河岸两侧，可自由调节距离，多角度观望后山景致。颐和园中风格迥异的空间布局，随水体缓慢流淌，从容转换。水赋予了景致旷奥兼备的独特风韵（图16、图17）。

3.3.2　彼得宫花园

西方园林中建筑是主角，水景布局充分为宫殿、别馆、雕塑、池坛服务。彼得宫花园水景多布置在轴线上，布局工整，呈左右或中心对称，相互衔接，风格统一，造型多变。水体作为纽带，把园中各处景致紧密联结，形成不可分割的有机体。彼得宫花园水面大多不做分割，也不设堤岛桥梁，确保了水面的通透，一览无余。平面空间视觉也更加直观清晰。形态各异的喷泉水景构成了立体空间表现形式，从喷口或瀑布中涌出的泉水，此起彼伏，排列有序，如跳动的音符，增加了景观空间的层次感与生命力。彼得宫花园水景空间布局以凡尔赛宫为蓝本，水景在宫殿前、林荫道、花坛、小林园等地处理手法相似，但又有所创新。水景除围绕大宫殿为中心布局，马尔尼馆和曼普列吉尔馆的水池分别以放射状和点状形态分布。令久看柱状喷水和平面静水的人耳目一新。花园中的运河延长了中轴的透视线，运河上还架有三座小桥，并非单纯分割水面，还具赏景的作用。人站在桥上遥望高远的宫殿、瀑布、泉池，在光影的反射下，景致更加雄伟壮观，熠熠生辉（图18～图20）。

图 18　彼得宫花园柱状大喷泉

图 19　彼得宫花园水池式喷泉

图 20　彼得宫花园马尔尼馆

4　中俄古典皇家园林理水差异性存在的原因

4.1　人文环境不同

中国是农业大国，自给自足的农耕经济自古占据主

导地位。人们世代固定在土地上，生活相对稳定封闭，因此自然环境对人的生存发展起决定作用。人们崇尚自然，敬畏自然，顺应自然，努力与自然和谐相处。天人合一的传统思想也由此而产生，并扎根于古典园林建造的理念中。北京位于华北平原地区，颐和园地处北京西郊，气候条件相对温润。由天然地貌搭建起远山近水的完美框架，经人工开凿后，形成了具有平地园和山地园双重特性的皇家园林。园林西北方紧邻香山、玉泉山，山中泉水引入园中，为园林造景提供了充足的水源。园中昆明湖原为天然积水，地下水位较高，便于凿池蓄水。西郊地区降雨量又相对充沛，充足的水资源令水的应用更加自如，师法自然的理水方式贯穿全园。

俄罗斯国土面积辽阔，地跨欧亚两洲。国家三面环海，气候条件复杂多变。传统的农业资源相对贫瘠，海上捕捞成为人们生存的主要手段，大海逐渐成为俄罗斯先民赖以生存的资源宝库。然而浩瀚的大海喜怒无常、变化莫测，人要生存要发展只能依靠科技的力量，去改造自然、征服自然，不断地迎接自然的挑战。俄罗斯圣彼得堡市坐落在涅瓦河河口，由 42 座小岛组成。彼得宫花园距离圣彼得堡市 29 千米，位于芬兰湾南岸，紧挨波罗的海。彼得宫花园结合了意大利台地园和法国巴洛克园林的特色，充分利用地势的落差和海河水源，园中以几何图形为分割基础，划分纵横的河道，喷涌的跌水，营造出宏大的水景效果，尽显人工技艺之能事。

4.2　审美意识差异

中国古典园林审美意识受到文学、绘画、戏曲等的影响，相互之间联系紧密。在古典文学作品中，以诗歌为主，多以自然山水花鸟为赋写对象，"采菊东篱下，悠然见南山"的情景，是对文人生活的真实写照，同时也抒发了人们崇尚自然，追求诗画般田园生活的美好情怀。中国绘画理论博大精深，谢赫六法中的"气韵生动"，概括出中国绘画技法中重神轻形的思想。这种思想在造园艺术中也有深刻的体现。中国的戏曲艺术与园林的关系源远流长。园林是浓缩的戏曲，戏曲是流动的园林。园林是戏曲艺术植根的土壤，戏曲剧目中的许多场景都以园林为背景，起承转合、荡气回肠。园林也因曲艺的注入变得丰满立体，极富绕梁韵味。颐和园中凝聚着中国古典园林的自然智慧与艺术精神，是东方感性审美在园林中的集中表现。

与中国传统的审美意识不同，西方审美意识根源于天人相分的思想，人们以征服自然、改造自然、利用自然为傲。大力推崇理性与秩序，他们认为只有被驯化了的自然和注入人工理念的自然才是美好可爱的。西方世界对美的定义有一套程式化的标准和模式。这种对美的定义，源于意大利，经法国继承发展，再传播到俄罗斯。受彼得大帝欣赏，并在园林中得到充分应用。这种审美意识更注重外在的形和量，突出科学美、理性美，强调视觉对称、黄金分割、光点透视等。彼得宫花园以数和几何关系为依据，各元素位置、形状、大小、长宽、高矮等都经过精确设计推敲，确保局部个体美和整体平衡美。唯理主义审美意识不仅是西方园林艺术的内核，同时也深刻影响着建筑、绘画、音乐、服饰以及人们的生活方式。

4.3　思维方式的区别

中国的传统思维方式是感性直观的，更趋向于在继承中总结前人的经验和理论，儒家思想中的中庸观和道家思想中的混沌无为，与中国封建社会大一统集权思想交织在一起。人们认识事物更倾向于表面现象，某种程度上缺乏深层探究事物本质的勇气。千年的科举制度也造就了浓厚的人文思想氛围，一定程度上阻碍了自然科学的发展。这种思维特征，在园林设计建造中就表现出对"只可意会，不可言传"深邃意境的不懈追求。受封建社会集权思想的影响，中国古代城市建设多方正规整，经纬分明。这种建城模式，早在《周礼·考工记》中就有所记载。人们长期居住在被君权笼罩的天罗地网中，渴望打破束缚，逃离樊笼，而统治者也厌恶压抑晦暗的宫廷氛围，需要在自然中寻找慰藉。园居生活成为社会各阶层摆脱现实苦闷，抒发自由情怀的首选。

西方人的思维方式更注重逻辑性和分析性，逻辑思维具有严密性，分析思维强调思辨性。他们把思维的焦点放在实体上，并且能够明确提出问题、分析问题，解决问题，进而找到事物间的内在规律与属性，最终形成理论，应用在实践中。西方理性思维方式在古典园林中，表现为数字几何线条等的应用，强调条理秩序，平衡对称。用统一的风格与模式去界定自然、约束自然。而西方城市规划多自由松散，城市道路曲折回环，方方正正的城市很少出现。这与当时西方封建社会国家四分五裂、诸侯割据、缺乏集权密切相关。长期战乱背景下，人们渴望和平，渴望统一，渴望专制君主的出现。当大多数人的意愿与统治者相契合，并完整映射到园林的设计建造中时，严谨规整的园林出现了。

5　结语

任何一种文化现象都不是孤立存在的，有其产生的时代背景及内涵语境。以颐和园为代表的中国古典皇家园林和与彼得宫花园为代表的俄罗斯古典皇家园林，受内外部因素的影响与制约，园林理水从微观到宏观，从具体到抽象都迥然不同。中式古典园林追求意境气韵，强调人与自然的融合关系，努力保持园林山水的原真性、原始性。俄式古典园林是各种规则秩序的集合与统一，运用写实手法打造园林，彰显强大的征服能力和精妙的人工技艺。通过比较分析，中俄古典皇家园林理水呈现出的两种截然不同的风格倾向，是历史选择的必然结果，也为进一步理解中俄园林文化提供了可能。

参考文献

[1] 周维权.中国古典园林史[M].北京：清华大学出版社，2018.

[2] 朱建宁.西方园林史——十九世纪之前[M].北京：中国林业出版社，2008.

[3] （明）计成.园冶[M].重庆：重庆出版社.2017.

[4] 北京市地方志编纂委员会.北京志·颐和园志[M].北京：北京出版社，2004.

[5] 耿刘同.中国古代园林[M].北京：中国国际广播出版社.2009.

[6] 孟兆祯.颐和园理水艺术浅析.颐和园建园250周年纪念文集[C].北京：五洲传播出版社，2000.

[7] 张薇.东西方园林理水比较[J].山西建筑，2007，33（31）：337-339.

[8] 张洪 倪亦南.东西方古典园林艺术比较研究[J].中国园林，2004（12）：63-66.

[9] 刘波 张磊.圣彼得堡的建筑艺术及影响[J].安徽建筑大学学报，2016，24（1）：97-101.

[10] 赵迪.俄罗斯园林的历史演变、造园手法及其影响[D].北京：北京林业大学，2010.

[11] 刘雪芳.中西传统园林水艺术比较[D].长沙：湘潭大学，2008.

Study on the Design Method of Waterscape Comparison between Beijing Summer Palace and Peterhof Palace

Sun Meng

Abstract: Water is the basic element of landscape architecture. There are differences in ideology, culture and art between China and Russia, and the understanding and application of water in gardens are quite different between the two countries. The Summer Palace is the representative of Chinese classical royal landscape architecture and the epitome of landscape art. The design method of waterscape that artistic conception and techniques in the garden not only embody the bold and magnificent spirit of the northern gardens, but also give consideration to the delicate and graceful style of the southern gardens. Peterhof Palace Garden as the representative of Russian Le Nôtre garden, fully absorbed the free change of European baroque, dazzling three-dimensional artistic style. Garden design method of waterscape draws lessons from Italian and French classical gardens in the performance of water concepts and techniques, formed a lively jump, dynamic and static combination of a unique form of expression. This paper tries to find out the reasons for the differences between Chinese and Russian classical imperial gardens by comparing and analyzing the artistic conception and design method of waterscape .

Key words: classical garden; Beijing Summer Palace; Peterhof Palace; design method of waterscape; comparison

作者简介

孙萌 /1982 年生 / 女 / 北京人 / 助理馆员 / 本科 / 毕业于北京联合大学 / 就职于北京市颐和园管理处 / 研究方向园林历史与文化

北京世界园艺博览会园区考古发掘成果概述

杨程斌

摘　要： 本文简要介绍了北京世界园艺博览会的筹备情况，简述了园区内的墓葬发掘及出土文物概况。"世园会"考古是北京地区近几年最重要的考古工作之一，出土文物具有极高的文物和历史价值，对研究北京古代历史具有重要意义。

关键词： 世界园艺博览会；延庆；偏将军墓；银制官印

2019 年 4 月 29 日，北京将举办举世瞩目的世界园艺博览会（以下简称世园会），是级别最高、影响最大的 A1 类园艺博览会。届时世界各地将有近 100 个国家和国际组织参加展会，按照生态优先、师法自然，传承文化、开放包容，科技智慧、时尚多元，创新办会、永续利用四大规划理念，园区内将建成展示世界各国园艺文化的"国际馆"和展示中国 31 个省区市及港、澳、台园林文化的"中国馆"。不久的将来，中国人将在家门口享受一场"世界园艺新境界，生态文明新典范"的文化盛宴。

延庆是首都北京的生态涵养区，"世园会"选址在风景优美、空气新鲜的延庆妫河南岸，山水相间、鸟语花香，八达岭长城、京张铁路等人文古迹为世园会增添了厚重的历史感。2018 年 4 月 23 日，国航世园会主题航班"多彩世园号"彩绘飞机首飞，世园会倒计时活动正式拉开帷幕。同年 10 月 31 日，北京市委副书记、市长陈吉宁到延庆调研北京世园会建设情况，并主持召开北京世园会执委会专题会议。目前，"世园会"中国馆、国际馆、生活体验馆、植物馆等主要场馆建设工作正在有条不紊地推进，标志性建筑——"永宁阁"的主体工程已经完成。"世园路""京张高铁"等公路、铁路也在紧张施工中。塞北明珠——延庆将散发出它最璀璨的光芒，向全世界展现中国人的"绿色生活和美丽家园"。但是，鲜有人知的是，在世园会进行大规模建设之前，一大批考古工作者曾默默无闻地在园区内进行了一年多的考古工作，挖掘出土了很多珍贵文物，与不久后将要举办的世园会一样，这些出土文物同样能展现新时代的"中国风采"。

按照国家文物法的规定，大规模工程建设之前，需对地下文物进行勘探、发掘。2016 年初春，就考古工作的具体办法以及各单位的具体职责，"世园局"与北京市文物局及相关单位多次举行联席会议，确定需对世园会围栏区、世园村等地块进行勘探，并商议出了"边建设边考古、边勘探边发掘"的具体办法，由北京市文物研究所（以下简称文研所）负责现场具体的考古工作，延庆区文化委员会辅助配合。2016 年 6 月，"文研所"派出第一批考古队对世园会围栏区进行了地层勘探，同年 8 月，正式开始了高密度勘探和墓葬发掘工作，一直持续到 2017 年 8 月结束，除过年期间外，考古工作者一直奋战在园区工地内，最多时曾有几百人同时挖掘，较快地完成了园区内墓葬的勘探和发掘工作，并配合了园区内的工程建设工作。在 2016 年 6 月至 2017 年 8 月这一年零两个月的时间里，考古队共勘探 262 万平方米，发掘墓葬 1146 座，墓葬年代自汉代一直持续至民国，还发现了汉代窑址、明代明堂、清代水井等遗迹，工作量在北京近几十年考古工作中也属罕见。这其中虽包含九百余座明清土坑墓，但令人欣慰的是，发现了魏晋家族墓、西晋偏将军墓、唐代白贵夫妇墓等一批重要墓葬，出土了很多较为罕见的遗物。

魏晋家族墓地（图 1、图 2）发现于世园会围栏区北侧，共 7 座，仅有两座被盗掘，墓道皆朝东。出土了金发钗、金戒指（图 3）、金箔、金环饰件、金片饰件（图 4、图 5）、铜簪、铜灯、铜盆、铁镜以及圆形透明体、漆器

图 1　魏晋家族墓地航拍图（图片来源：北京市文物研究所）

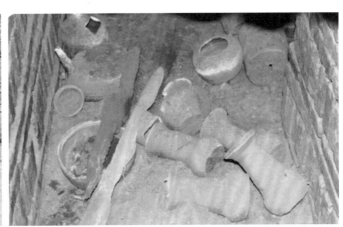

图 2　魏晋家族墓墓室内部（图片来源：作者自摄）

图 3　金戒指（图片来源：作者自摄）

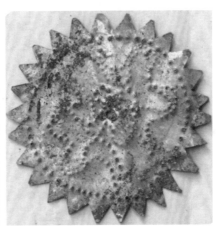

图 4　金片饰件（图片来源：作者自摄）

图 5　金片饰件（图片来源：作者自摄）

残片等珍贵遗物，还发现了一块写有"上谷"的铭文砖。此墓地墓葬保存极为完好，对研究魏晋时期墓葬形制具有重要意义。墓葬中出土的高等级遗物证明了在魏晋时期，今北京延庆曾有较为兴盛的城镇，侧面反映了家族门阀制度在当时的延续。"上谷"铭文砖的发现，确证了今北京西北部属魏晋之上谷郡。西晋偏将军墓发现于魏晋家族墓的北侧，可能是家族墓地的一部分，墓道朝北。墓葬墓室上方有一不规则圆形盗洞，但随葬品保存完好，无破坏痕迹，墓葬前室发现两具人骨，后室发现一具。出土了银制官印（图6）、金臂钏、金环饰件、空心圆形金珠饰件、银臂钏、银发钗、银环饰件、玉石、半圆形透明体、铜镜、弩机、铜掏耳勺、铜钱、陶楼（残）、陶灶、陶罐、陶碗、陶盆及大量陶片。"官印"是此墓的最重要发现，出土于前室西侧木棺内，龟钮银制，印面阴刻"偏将军印章"五字，2.3厘米见方，此官印为迄今北京地区发现的唯一一枚西晋官印。除此之外，该墓还发现了大

量铭文砖，暂可识别的有"太康六年""阿秋侯君"（图7）等字样。此证墓主人在晋武帝司马炎太康六年（258年）下葬，是北京地区少有的西晋纪年墓。阿秋侯君应为墓主人姓名。该墓的发现还佐证了西晋王朝对北疆上谷郡的有效管辖。唐代白贵夫妇墓（图8、图9）发现于偏将军墓的东侧，该墓为一座大型唐代晚期圆形券顶单墓道砖砌合葬墓，墓道朝南。墓砖多为窄细沟纹砖。墓室内随葬品、人骨摆放凌乱，有多次破坏痕迹。出土遗物有陶俑（残）、塔式罐（残）、铁带钩（残）、开元通宝和大量陶片、瓷片、壁画残块等，墓室底部散落三颗人头骨。在墓室南侧还发现了仿木构建筑，有彩绘痕迹，残损较为严重。该墓最重要的发现是出土于墓道口的《南阳郡白氏夫人墓志》和墓室底部的《唐故高道南阳白公夫人高氏盖衬墓志》。根据志文内容可知，男女墓主人合葬于唐龙纪元年（889年），女墓主人高氏是"隋代齐国公渤海郡高颍之苗裔"，男墓主人白贵与白居易同族，

图6 银制官印（图片来源：北京市文物研究所）

图7 "阿秋侯君"铭文砖（图片来源：作者自摄）

图8 唐墓发掘现场（图片来源：作者自摄）

图9 唐墓航拍图（图片来源：北京市延庆区文物管理所）

其父白旻是白居易的宗兄，还是唐代一位重要的花鸟画家，曾画"雕"赠与白居易，白居易为他写有《画雕赞》，《历代名画记》对其有所记述。更重要的是，墓志中还记述了史料中少有记载的古地名，包括幽云十六州之"儒州"及防御军等，对研究唐代北京地区的历史地理具有重要意义。此外，"世园会"考古工作即将结束之际，在围栏区东侧发现了一处明代明堂遗迹，每块明堂青砖上皆用朱砂写有易经挂名（图10），实属罕见。

从世园会考古工作结束到现在已一年有余，出土文物已由入库清洗进入室内整理研究阶段，相信随着文物研究工作的深入，会有更多不为人知的历史展现在我们面前，让人们了解更多世园会园区地下的奥秘。

图10 易经挂名明堂用砖（图片来源：作者自摄）

参考文献

[1] 杨程斌 . 世园考古——探索园区地下的奥秘 [N]. 延庆报，2017 年 9 月 18 日 .

[2] 杨程斌，戴征 . 新出土唐代白贵夫妇墓志考疏 [J]. 文物鉴定与鉴赏，2018（03）：72-75.

[3] 国立北平故宫博物院编辑 . 故宫周刊总索引 [M]. 北京：国立北平故宫博物院出版物发行所，1936.

[4] 周绍良 . 全唐文新编 第 3 部 第 3 册 [M]. 长春：吉林文史出版社，2000.

[5] 徐红年 . 延庆 [M]. 北京：北京图书馆出版社，1998.

[6] 陈文景 . 周易释义 [M]. 上海：上海社会科学院出版社，2015.

Archaeological Works Unearthed at the World Horticultural Exposition Site in Beijing

Yang Cheng-bin

Abstract：This article introduced the preparation of the world horticultural exposition in Beijing, and briefed the cemetery excavation and unearthed cultural relics in the park. The archaeology of world horticultural exposition is one of the most important archaeological works in Beijing area in recent years. The unearthed cultural relics have extremely high cultural relics and historical value, which is of great significance to the study of ancient history of Beijing.

Key words：World Horticultural Exposition；Yanqing；the grave of a low general；official seal made of silver

作者简介

杨程斌 / 男 /1987 年生 / 黑龙江人 / 毕业于首都师范大学历史学院 / 硕士 / 就职于中国园林博物馆北京筹备办公室 / 研究方向为艺术史与艺术考古、北京地区皇家园囿行宫历史研究

陶然亭与中国近代进步思想的启蒙

李东娟

摘　要： 有清一代，陶然亭几可称为京城士大夫的文化活动中心。嘉庆道光以后，中国社会危机日益加重，鸦片战争引发了中国"千百年未有之变局"，陶然亭随之成为感受时事之变、激发变革志向的空间，成为中国近代革命史的见证和缩影。本文旨在梳理陶然亭公园近代进步思想的文化资源，挖掘到陶然亭的志士仁人和革命先驱，为"陶然亭文化"的研究打下史料基础。

关键词： 近代进步思想；陶然亭；启蒙

近代以来，甲午海战、庚子国变、军阀混战，一次次将中华民族推到危亡的关头。中国人民为了实现民族复兴，先后尝试了多条道路，洋务运动、戊戌变法、辛亥革命、新文化运动，这些站在风口浪尖上的仁人志士一步步地推进着社会的进步。

位于京城西南隅的陶然亭，在这一时期，逐渐从风景游览胜地沦为蚊蝇滋生的乱葬岗子。"蓬颗累累，坑谷皆满""狸狌助虐，穿冢以嬉"。这仿佛是社会败像的投射，而与此同时，陶然亭也迎来了一拨又一拨的时代先驱。从张之洞"曾是千场觞詠地，酒边腹痛顿思㭎"的感叹，到高君宇"愿生如闪电之耀亮"的墓志铭，陶然亭见证了中国近代进步思想的发展，也是中国近代革命的酝酿地，更是中国近代革命的缩影。

1　陶然亭地区近代进步思想探寻（五四运动以前）

1.1　洋务运动

洋务运动是19世纪60年代到90年代晚清洋务派所进行的一场引进西方军事装备、机器生产和科学技术以维护清朝统治的自救运动。洋务运动促进了中国近代社会的思想觉醒，使国人广开眼界。

1.1.1　林则徐——"开眼看世界的第一人"[①]

林则徐（1785—1850年），字元抚，福建闽侯人。道光十九年五月，主持了震惊中外的"虎门销烟"。在广东查禁鸦片和整顿海防期间，为了解西方事务和准备制驭之方，林则徐组织一批翻译人员翻译了大量的外文书籍和西方报刊，开国人现代翻译之先河。这些译稿后来成为魏源撰写《海国图志》的重要蓝本。林则徐被誉为"开眼看世界的第一人"。

林则徐在京期间，住今陶然亭公园北门外一里许的贾家胡同和粉房琉璃街，曾和著名诗人龚自珍、张维屏，以及思想家魏源、黄爵滋等多次在陶然亭聚会，并留有诗文。

林则徐在慈悲庵中有集句楹联："似闻陶令开三径；来与弥陀共一龛"。上下联分别集自苏东坡的两首诗。开创楹联学先河的清代学者梁章巨在《楹联续话》中认为"（陶然）亭中楹帖当推此为第一"。

1.1.2　张之洞——"通晓学务第一人"[②]

张之洞（1837—1909年），字孝达，号香涛，又号壶公、抱冰，直隶南皮人。历任两广总督、两江总督、军机大臣。清末洋务派代表人物之一，推动发展民族工业，兴办新式教育，主张"中学为体，西学为用"。

同治十年（1871年）张之洞发起龙树寺雅集，后人

① 吴伟宁．《论林则徐的历史贡献》．遗产与保护研究，2018年3卷8期，138-141页。
② 陈冰．张之洞"中体西用"政治思想与晚期洋务运动，兰台世界，2013年31期，37-38页。

称此为“此咸同以来，朝官名宿第一次大会也”。到会者包括翁同龢、潘祖荫、王闿运、李慈铭、赵之谦、谭宗浚、王懿荣等。

张之洞常游陶然亭、龙树寺，均留有诗作。他对龙树寺极为眷顾，诗中作“此地曾来一百回”。光绪后期，龙树寺内建“抱冰堂”，现遗址地就在陶然亭公园内。张之洞去世后，其门生故吏又在龙树寺立张文襄祠堂，供奉张之洞画像，以作为对他的纪念。

1.2 戊戌变法

戊戌变法，是晚清时期以康有为、梁启超为代表的维新派人士通过光绪帝进行倡导学习西方，提倡科学文化，改革政治、教育制度，发展农、工、商业等的资产阶级改良运动。

1.2.1 谭嗣同——“冲决网罗”的非凡胆识①

谭嗣同（1865—1898 年）是中国近代史上杰出的思想家和激进改良主义者。谭嗣同生于南城烂缦胡同。青年时期随父在任官衙署读书，逐渐接受维新思想，尤其是 1894 年康有为发动“公车上书”后，谭嗣同决心抛弃旧学，致力于维新变法，在浏阳等地创办新学、时务学堂，提出变法主张，首开湖南维新之风。

谭嗣同的童年及少年在北京长大，经常到陶然亭游玩。光绪十九年（1893 年）谭嗣同所作《城南思旧铭》中写到：“然名胜如龙泉寺、龙爪槐、陶然亭，瑶台枣林，皆参错其间，暇即挽两兄挈以游。”

1.2.2 沈曾植——“清同光朝第一大师”、学界泰斗②

沈曾植（1850—1922 年），浙江嘉兴人。字子培，号乙庵，晚号寐叟。曾应张之洞之聘主讲两湖书院史席。还应盛宣怀之请，出任过南洋公学(今上海交通大学)监督。书法大家，以草书著称。他博古通今，学贯中西，以“硕学通儒”蜚振中外，誉称“中国大儒”。

沈曾植三十六岁第一次来陶然亭，至六十六岁，三十年间共有九次与友人来此，并留有诗文。他多次与李慈铭同游，光绪二十一年，曾与戊戌六君子之一的杨锐同游陶然亭，谈至日落（表 1）。

1.3 启蒙运动

20 世纪初，启蒙家们宣传新知识、新观念、新思想的工具主要是报刊，无论是维新派还是革命派宣传的思想至多在一定程度上影响了一定范围内的官僚、士绅和资产阶级知识分子，普通百姓并未受到多大冲击③。所以孙中先生在总结辛亥革命失败的原因时说：“今中国国民四万万，其能明了了解共和之意义，有共和之思想者，尚不得多。”④

为此有识之士开始创办白话报、编辑画报、设立阅报处、街头讲说报纸内容等一系列的行为，主要目的就是为开启下层社会的民智，对于批评迷信陋俗、提倡新式文明风尚不遗余力，试图努力改变民众的蒙昧状态。在一定程度上也确实促进了下层社会智识程度的提高，为社会风气的变化，乃至时代的变革起了一种铺路作用。

1.3.1 醉郭

“醉郭”姓郭名瑞，字云五，别号“醉郭”，北京卢沟桥人。故于 1913 年 5 月 21 日。醉郭墓碑文说醉郭六十有九，推算其生于道光二十四年（1844 年）。

1900 年八国联军攻占北京，郭瑞眼见清朝政治腐败，便佯装疯癫，醉骂时政，往来于市，人称“醉郭”。当

沈曾植游陶然亭一览表 表 1

年份	日期	事由
光绪十一年（1885 年）	二月一日	李慈铭、袁昶、朱一新招饮旌补华、瞿鸿禨、王者馨与公于陶然亭
	六月十六日	与五弟同赴陶然亭饯朱一新，李慈铭、施补华、王者馨、朱福诜同座
光绪十四年（1888 年）	九月二十三日	与李慈铭游陶然亭。晚招同人饮广和居
光绪十五年己丑（1889 年）	六月二十四日	赴陶然亭小集。黄国瑾、王颂蔚、冯煦、刘雯、袁昶、叶昌炽在座
	九月九日	与同人游陶然亭、龙树寺、龙泉寺
	九月十八日	赴陶然亭徐定超之饮，李慈铭、沈曾桐、王仁东、黄绍箕、吴品珩等在座
光绪十六年（1890 年）	六月二十一日	赴王彦威招饮陶然亭
	九月七日	赴陶然亭同人雅集
光绪二十一年（1895 年）	九月二十日	邀同至陶然亭，晚赴便宜坊宴集，郑孝胥、丁立钧、杨锐、沈曾桐在座

注：根据《沈曾植年谱长编》整理。

① 魏义霞.《谭嗣同哲学三题》，云南民族大学学报，2016 年 4 期，154-160 页。
② 张智慧.《沈曾植研究综述》，嘉兴学院学报，2008 年 3 期，105-110 页。
③ 马鮤.《论影响近代中国启蒙运动发展的因素》，楚雄师范学院学报，2004 年 8 期，111-115 页。
④ 孙中山全集，第二卷 374 页。

时彭翼仲创办《京话日报》，聘请醉郭当志愿者，在街头把报纸上的内容用老百姓能听懂的语言宣讲出来，对于批评迷信陋俗、提倡新式文明风尚起到了积极作用。

1913年5月21日，"醉郭"辞世，丁宝臣在《正宗爱国报》上发了讣告；彭翼仲出资50元，买棺装殓，联络京城文化界将醉郭安葬于陶然亭东北锦秋墩。

醉郭墓碑碑阳为彭翼仲手书，碑碣的文字为林纾撰写，祝椿年手书，李月亭镌刻。由于林、祝、李皆为北京著名的文化人，自此，醉郭墓成为陶然亭的一处胜地。

1.3.2 彭翼仲——"创办北京第一份白话文报纸①""晚清开智运动先驱人物②"

彭翼仲（1864—1921年），是清末民初著名的爱国报人、维新志士。1902年，他先后在北京创办了《启蒙画报》《京话日报》和《中华报》三家知名报刊，积极传播新科学、新知识，并以启迪民众为己任，产生了广泛的影响。

1.3.3 秋瑾——"中华民族觉醒初期的前驱人物③""女性解放倡导者④"

秋瑾（1875—1907年），女，浙江绍兴人，生于福建厦门，原名秋闺瑾，小名玉姑，字璇卿。以后又自取鉴湖女侠、汉侠女儿等作为字号。中国近代民主革命志士、妇女解放运动的实践者、女诗人，光复会、同盟会成员。创办我国第一份宣传民主革命的妇女报刊——《中国女报》，号召妇女为争取解放而斗争。1907年7月6日，安庆起义失败后不幸被捕，7月15日凌晨，秋瑾从容就义于绍兴轩亭口，年仅32岁。她虽然在辛亥革命前夕献出了自己的生命，没有看到清政府被推翻，但她的行为激励了广大男女青年觉醒，前仆后继，奔向革命。

1904年秋瑾赴日本前，陶荻子、吴芝瑛等好友邀秋瑾到陶然亭为其话别，秋瑾作《临江仙》一词以记之。

1.4 新文化运动

1.4.1 鲁迅——代表"中华民族新文化的方向"

鲁迅（1881—1936年），原名周樟寿，后改名周树人。著名文学家、思想家，五四新文化运动的重要参与者，中国现代文学的奠基人。

"横眉冷对千夫指，俯首甘为孺子牛"，这是对鲁迅人格精神的最佳诠释。毛泽东说："鲁迅的方向，就是中华民族新文化的方向。"鲁迅对中国思想史的一大贡献，就是敢于向传统观念，即那些天经地义的东西，

提出质疑和挑战。作为五四新文化运动的先驱，鲁迅在启蒙的道路上走得十分艰难和困苦。毛泽东评价鲁迅是"民族解放的急先锋，给革命以很大的助力"，并称"我的心是和鲁迅相通的"⑤。

1912年5月19日，鲁迅来陶然亭时，曾听慈悲庵僧人介绍庵内经幢的历史："又与季市同游陶然亭，其地有造象，刻梵文，寺僧云辽时物，不知诚否。"（《鲁迅日记》）

1.4.2 康心孚——中国第一位社会学家⑥

康心孚，本名康宝忠。为早期同盟会会员，资产阶级革命家，中国第一位社会学家。

1919年5月4日，"五四运动"开始，北洋政府派出军警镇压，32名学生被捕。北大校长蔡元培为抗议政府，于5月8日提交了辞呈，并于9日离京。5月13日，北京各大专学校校长向政府齐上辞呈，支持蔡元培。为维持教务，北京大学教员首立干事会，康心孚任干事。他和马叙伦、马寅初、李大钊等被北京大学教职工推举为代表，到国民党教育部为挽留蔡元培和支持学生的爱国斗争请愿。其后，北京中等以上学校成立教职工联合会，康心孚被推选为主席，马叙伦为书记。

康心孚整日奔走于各校之间，联络、组织、演讲，1919年11月1日，在北京法政专门学校授课，课间在休息室谈笑之中，病发作，猝死，时年35岁。后来，人们都说他是为"五四运动"而累死的。

蔡元培献挽联曰：

于一周中，舌敝唇焦任卅时讲授，加以新闻通讯，杂志征文，心血几何，为青年呕尽；

自五月来，夙兴夜寐图各校维持，遂能秩序如常，弦歌不辍，功成者退，令后死何堪。

康心孚墓曾立于陶然亭畔，公园现存"康心孚墓碑"。

2 陶然亭地区共产主义思想的酝酿（五四运动以后）

2.1 毛泽东在陶然亭

为驱逐湖南军阀张敬尧，公开揭露张敬尧祸湘虐民的罪行，争取全国舆论对"驱张"的支持和同情，毛泽东赴京代表团一行40人于1919年12月18日到达北京。1920年1月18日，毛泽东、罗章龙和"辅社"在京成员，在陶然亭集会，商讨"驱张"斗争，探求救国道路。会后，

① 余鹏《彭翼仲在晚清启蒙宣传上的创举》，新闻爱好者，2010年1期，86-87页。
② 郭道平《庚子之变与彭翼仲的开智事业》，汉语言文学研究，2012年1期，39-52页。
③ 郭沫若《秋瑾史迹·序》，北京：中华书局，1958年。
④ 夏卫东《性别与革命：近代以来秋瑾形象转换的考察（1907—1945）》，民国档案，2016年1期，66-72页。
⑤ 李征宙《毛泽东论鲁迅中的空白、沉默与批评》，江汉论坛，2004年6期，90-92页。
⑥ 康国雄《康心孚：为五四运动累死的民国元勋》，http://news.sohu.com/20080603/n257257929.shtml.

在慈悲庵山门外古槐前摄影留念。

有关此照片的事件背景、拍摄地点、拍摄日期很清楚。但合影名单一直含糊不清。

目前，确认无疑的是王复生（左三）、毛泽东（左四）。

根据罗章龙在其回忆录《椿树载记》（三联书店版，1984年）记述，"记得的"在京辅社成员有罗章龙、易克嶷、陈兴霸、周长宪、吴汝铭、吴汝霖、匡务逊7人，加上毛泽东、邓中夏、王复生一共10人，恰好是合影中的人数。

匡务逊即匡互生。查匡互生年谱，匡互生于1919年夏天从北京到湖南任教。1920年6月17日，匡互生给他父母的信中说到了他参与驱张的理由及过程："……男因去年省城的学校被张敬尧解散，不能安身，就与同学熟人于今年阴历正月初旬到衡州，一面避祸，一面帮助学生代表向吴佩孚请愿，恳求吴师长替我们主持公道。二月初旬，男又由衡州走到永兴，向赵师长恒锡面叙张敬尧种种罪恶……"

由此可知，匡互生在1920年年初未到北京。因此我们认为可以将除匡互生之外的9人暂列为合影人。

2.2　五团体会议

1920年8月16日，天津觉悟社在李大钊的支持下，在今陶然亭公园慈悲庵召开茶话会，邀请北京少年中国学会、北京工读互助团、曙光社、人道社等四个团体的代表共二十多人，商讨今后救国运动的方向问题。会上，刘清扬报告开会宗旨，邓文淑（即邓颖超）介绍觉悟社的组织经过和一年来的活动情况。周恩来对觉悟社提出的"改造联合"的主张作出说明，倡议与会各进步团体联合起来，共同进行挽救中国、改造社会的斗争，李大钊代表少年中国学会发言，提议各团体有标明主义之必要。会议决定由到会诸团体各推三名代表继续讨论联络问题。

2.2.1　事件起因

觉悟社，是1919年五四运动中，由天津学生联合会和女界爱国同志会中的骨干周恩来、马骏、郭隆真、刘清扬、邓颖超等二十余名青年组织起来的革命团体。

1920年1月，反动当局加紧镇压爱国运动，殴伤、逮捕学生代表，周恩来立即召开觉悟社社员大会，进行街头讲演，散发传单。省长曹锐再次对手无寸铁的爱国学生进行血腥镇压，周恩来等4名代表被非法拘捕，半年后出狱。在此后的斗争中，周恩来感到：只有把五四运动以后在全国各地产生的大小进步团体联合起来，加以改造，采取共同行动，才能改造旧的中国，挽救中国的危亡。为此，当年8月，周恩来偕同觉悟社社员11人到达北京。

2.2.2　参会者名单

1920年8月14日，来今雨轩茶话会。讨论少年中国学会是派代表参加觉悟社邀请的会，还是全体在京会员都去，最终决议北京会员都去。到会的有苏演存、孟寿椿、邓中澥、张申府、陈愚生。因此判断，少年中国学会参加五团体会议者，应有：李大钊、苏演存、孟寿椿、邓中澥（即邓中夏）、张申府、陈愚生，约6人。觉悟社会员11名，目前能确认的有周恩来、邓颖超、刘清扬、谌小岑、郭隆真。另外能确认的还有人道社代表瞿秋白。

2.3　李大钊在陶然亭

2.3.1　李大钊"最喜游憩之地"

李大钊从1915年自日本留学回国后来到北京，直到1927年4月遭奉系军阀杀害，在北京居住时间长达十余年，曾居住过8处居所。1920年春季到1924年1月，李大钊一家在石驸马大街后宅胡同35号（现西单文华胡同24号）居住。在这一时期，李大钊经常来陶然亭。李大钊好友吴弱男女士说"陶然亭为李生平最喜游憩之地"。

目前可知的李大钊来陶然亭最早记载出自《白坚武日记》：1917年1月21日，"午后，同质生、守常、泽民、高一涵、采言往南下洼。"1917年2月23日，"偕克苏、守常（李大钊）、质生、子超赴陶然亭散步，共以外套铺地，狼藉仰卧，斯时觉万念皆空，其乐陶陶，诚南面不易也。"

2.3.2　李大钊来陶然亭参加金绮葬礼

据《吴虞日记》[①]记载，1921年7月20日，李大钊来陶然亭参加陈愚生夫人金绮的葬礼。

2.3.3　李大钊临时工作处

陈愚生夫人金绮的葬礼结束之后，李大钊与陈愚生商量，借陈愚生为妻子守墓的名义在慈悲庵院内租借两间僧房。1921年至1923年间，李大钊、陈愚生与邓中夏、高君宇等同志在此进行秘密革命活动。目前，此处已辟为"李大钊纪念室"。

秦德君在她的回忆录《秦德君和她的一个世纪》（中央编译出版社，1999年2月）一书中回忆到："在北平，李大钊和陈愚生形影不离，他们一同到陶然亭选购墓地，很快把陈夫人安葬了。"

2.4　高石墓

高君宇是北京大学"马克思学说研究会"和北京共产党组织早期成员之一，曾任北京社会主义青年团首任书记。1925年3月6日病故，灵柩葬于陶然湖畔。石评梅与高君宇相爱至深，1928年9月29日病逝。其灵柩葬于高君宇墓旁，后人统称两墓为"高石墓"。

现高石墓为北京市重点烈士纪念建筑物保护单位、北京市西城区公祭单位。

2.4.1　高君宇的病逝日期

高全德所写的墓志记载高君宇于1925年3月5日病故。

根据北京协和医院编号为"10232"的高君宇的病历档案，最后一页上清楚地记载："6日晨0：25，呼吸停止。"医疗报告填写的"死亡日期"也是"3月6日"。因此，高君宇逝世的准确日期和时间应订正为"1925年3月6日0时25分"。

2.4.2　高君宇安葬时间

高君宇病逝后，中共地下党组织委托高全德以"胞弟"名义为高君宇立碑。

关于高君宇安葬时间，一直不得而知，《陶然亭公园志》也未曾提及。本文撰写时新发现一条重要史料，刊载在《京报》1925年5月7日第二版的《高君宇先生出殡启事》：

"君宇先生数年来尽力社会运动，成效颇著，前因积劳成疾殁于协和医院。同人等悲悼之余，商同高君家属，择于五月八号（礼拜五）上午八时至九时半，在哈德门外法华寺致祭，十时出葬城南陶然亭。外界如有祭品惠赐者，请于前一日送交骑河楼十二号张叔平君代收可也。君宇先生安葬筹备处启。"

故高君宇安葬时间为1925年5月8日上午。

2.4.3　几度迁灵

高石墓原在锦秋墩东麓，今高石雕像稍南处。1952年辟建陶然亭公园时，市建设局会同宣武区政府决定将公园用地范围内的坟墓全部迁出。当年12月31日，高石墓迁至南郊人民公墓。出土时，石评梅的棺木依然完好，而高君宇的则已经朽腐，于是另购棺木安葬。

1953年7月迁至八宝山革命公墓。

1956年6月3日，周恩来总理在审查北京市建设规划总图时指示："陶然亭的'高石墓'要妥为保护，革命与恋爱并不矛盾，留着它对青年人也有教育。"于是高石墓很快迁回了陶然亭公园，只是由于公园建筑布局已发生变化，于是选择锦秋墩北侧作为墓址，并于同年的8月24日竣工。

1968年高石墓被拆除，墓碑受到损坏。直到1971年4月，在邓颖超的关怀下，才把高君宇的遗骨火化后安放在八宝山革命公墓。遗憾的是，石评梅的遗骸火化后，因不符合"当时规定的条件"，而未能保存。

1984年，经北京市政府批准，市园林局和市文物局又在陶然亭公园重建"高石墓"，并举行了高君宇、石评梅移灵安葬仪式。

1986年，北京市团市委、北京青年报社等十六家单位的团员青年，捐款三万元，由中央美术学院设计制作了高、石半身大型雕像。1987年3月25日，市长办公会议决定，将高君宇墓列为"北京市重点烈士纪念建筑物保护单位"，进行重修，并复制了两块汉白玉墓碑，原基碑保存在慈悲庵内。

2.5　王沧州、邝振翎与胡鄂公

王沧州，号血痕，湖南衡阳人，诗人。1915年9月（一说为5月），王沧州创《爱国晚报》于上海霞飞路，极力鼓动反对帝制，11月29日被查封。1916年秋入都，任北京《寸心》杂志主笔。1917年去世，7月31日邝振翎与胡鄂公共同为友人王沧州筹备后事、葬于陶然亭锦秋墩，并常来此凭吊。邝振翎为王沧州墓碑撰写《减字木兰花》词并刻于碑上。

邝振翎（1884—1932年），字摩汉，号石溪，别署石溪词客，江西省寻乌县留车镇黄羌村人。中国马克思主义学说的早期重要传播者，马列政党早期创建人，中国共产党早期党员。

胡鄂公（1884—1951年），字新三，号南湖，湖北省江陵人。1910年组建共和会，任干事长。1921年2月组建"中国共产主义同志会"，为中央执行委员会书记，发行机关刊物《共产主义》月刊。后经李大钊介绍，秘密加入中国共产党。

---

① 《吴虞日记》中国革命博物馆整理；荣孟源审校，四川人民出版社，1984年。

1921年，邝振翎与胡鄂公等人组建"中国共产主义同志会"，是早期国内14个马列政党社团中规模最大的一个，1922年，"同志会"整体秘密加入中国共产党，对中国早期的共产主义运动做出了极大的贡献。

1942年正月十三日，张次溪陪齐白石到陶然亭觅置墓地，偶然在锦秋墩半坡间发现"王沧州之墓"，齐白石据墓碑上《减字木兰花》所作的《西江月·重上陶然亭望西山》词，现已刻碑，嵌于陶然亭壁间。

3 结语

清康熙三十四年（1695），工部郎中江藻建陶然亭后，此地很快成为文人士子、骚人墨客笔下的胜地，是他们寻求精神自由、超脱、愉悦、审美的佳地。被誉为"周侯藉卉之所，右军修禊之地"。

嘉庆道光以后，中国社会危机随着西风东渐而日益加重，鸦片战争引发了中国"千百年未有之变局"，"野寺看花，凉堂读画"的士林社会也因之嬗变。陶然亭从雅集欢场，逐渐成为感受时事之变、激发变革志向的空间。

进入民国以后，陶然亭地区日渐偏僻荒凉、人烟稀少，也正因为衰败而变得隐蔽，成为共产党早期革命的活动场所之一。

近代陶然亭，吸引汇聚了众多的为社会变革做出过努力的仁人志士。从经世派在此讨论"师夷制夷"的方策到启迪底层民智的实践，从戊戌变法的改良到五四运动兴起，再到中国共产党筹备的酝酿，陶然亭从未缺席。

一百年生生不息的近代陶然亭，见证了中国一百年图强奋发的近代革命史。

一百年波澜壮阔的近代革命史，凝聚在"宇内一亭"的陶然亭公园之中。

参考文献

[1] 陶然亭公园志 [M] . 北京：中国林业出版社，1995.

[2] 王玮 . 江亭碑影——陶然亭公园碑拓记 [M] . 北京：学苑出版社，2017.

[3] 胡绳 . 中国近代历史的分期问题 [J] . 历史研究，1954（1）.

[4] 沈渭滨 . 略论近代中国改良与革命的关系 [J] . 江苏师院学报 .1981（2）.

[5] 郑云山，陈德禾 . 秋瑾评传 [M] . 河南教育出版社，1986.

[6] 许全胜 . 沈曾植年谱长编 [D] .2004.

[7] 朱文通 . 李大钊年谱长编 [M] . 中国社会科学出版社，2009.

[8] 白坚武日记 . 社科院近代史研究所 [M] . 江苏古籍出版社，1992.

[9] 潘文哲 . 徘徊于新旧之间——中国近代学术思想史上的沈曾植 [D] .2013.

[10] 陈燕玲 . 早期维新思想与戊戌变法 [D] .2010.

[11] 邓梓晗 . 浅谈洋务运动的性质 [J] . 青年时代，2017-11.

[12] 龚云 . 正确评价近代中国革命 [J] . 天府新论，2017（1）.

[13] 陈其泰 . 近代革命与历史思想 [J] . 史学史研究 .1993（2）.

[14] 姚守中，马光仁，等 . 瞿秋白年谱长编 [M] . 江苏人民出版社 .1993.

[15] 魏巍、钱小蕙 . 邓中夏传 [M] . 人民出版社，1981.

[16] 张舒 . 中国共产党与辛亥革命关系之研究 [D] .2013.

Taoranting and the Enlightenment of Chinese Modern Progressive Thought

Li Dong-juan

Abstract: In the Qing Dynasty, Taoranting was the cultural activity center of Beijing scholar bureaucrats. After Daoguang and Jiaqing, the social crisis in China became more and more serious, and the Opium War triggered the unprecedented change in China for thousands of years. Taoranting became the space to feel the current events and stimulate the change aspirations, and became the witness and epitome of the modern Chinese revolutionary history. The purpose of this paper is to sort out the cultural resources of Taoranting Park's modern progressive thought, excavate Taoranting's people of lofty ideals and revolutionary pioneers, and lay a historical foundation for the study of Taoranting's culture.

Key words: Modern progressive thought; Taoranting; enlightenment

作者简介

李东娟 /1977 年生 / 女 / 北京人 / 高级工程师 / 硕士 / 毕业于内蒙古农业大学 / 现就职于陶然亭公园管理处 / 研究方向为园林文化与管理

避暑山庄文化漫谈

蒋秀丹

摘　要：承德避暑山庄及外八庙修建于清朝康乾盛世之时。本文以详实的史料介绍了避暑山庄及外八庙选址修建的背景和名称的由来。在这里，清朝的最高统治者处理军政要务，接待中外宾朋，成为清朝第二个政治中心，解决了北方草原文化与中原农耕文化的矛盾冲突等问题。避暑山庄及周围寺庙鲜明的政治特性是其区别于其他园苑与寺庙的特点所在，这也正是其独具吸引力与震撼力的内蕴所在。

关键词：避暑山庄；外八庙；历史背景；文化特征

承德是河北省省辖市，处于华北和东北两个地区的连接过渡地带，地近京津，背靠蒙辽，面积 3.95 万平方千米，总人口 353 万。面积不大，人口不多，是一座地道的北方小城。可是满族活动家舒乙先生 2010 年来这转了转，大吃一惊："我以前没到过承德，只闻其名，却一直未去过；去了一看，不得了，觉得它绝对是中国境内最特殊、最高级、最好看，也最有价值的城。"老人紧接着给出了原因："在于它是中华民族团结的象征。这个定位，道出了它的独一无二。形容一件东西珍贵，常用'价值连城'，而城却各有不同，承德的价值非同一般，在民族团结方面，它是首屈一指的，其重要性无法估量"。激动之余，在《瞭望新闻周刊》上发表了一篇文章，题目就叫《承德，一个最有象征意义的地方》。

承德能让人记住的主要有三个内容：一是清朝皇帝的夏宫——避暑山庄；二是外八庙，指设在关外的十二座皇家寺庙；三是高原坝上的皇家猎苑和练兵处——木兰围场。前两处已于 1994 年被联合国教科文组织确定为世界文化遗产。这三处都是康熙时期开始修建的，当年，康熙为何不坐享北京城，要走七天七夜，一走就是几十年，去那"名号不掌于职方，形胜无闻于地志"[①]的伊古荒略之地？

1　修德安民，众志成城：康熙的民族思想

康熙是清王朝入关后的第二位皇帝。综观其一生，这位帝王处于清朝历史上承前启后、继往开来的特殊时期。康熙初期，清政权尚未巩固、社会矛盾突出，康熙首要的问题是巩固清政权、建立中央集权统治，在康熙看来蒙古族是他维系政权最重要的力量。在清朝入关前，满族统治者通过恩养、联姻等手段使满族与蒙古族建立起了紧密的联盟关系。因为满蒙都面对着同一个劲敌——明朝。这种共同的目的使双方建立起了一种联盟友好的关系。但是，清朝入关统治中国政权之后，这种友好联盟的关系也随之发生了微妙的变化。满族贵族掌握了国家政权，满蒙双方盟友关系虽然尚存，但更是一种统治与被统治的关系，蒙古贵族心里失衡在所难免，双方已经发生了利益上的矛盾。蒙古族也有从支持到反叛清王朝不服从其统治的可能性。由此不得不引起康熙对蒙古族的特别重视。事实也的确如此，康熙十四年（1675 年）受"三藩之乱"的影响，漠南蒙古地区的贵族布尔尼首先发动了叛乱，他还策动漠南蒙古各部王公也参加反清起义。要知道漠南蒙古是大清入主中原的主要依靠力量，这场突如其来的叛乱横祸，无疑给正在平定"三藩之乱"

---

① 康熙《溥仁寺碑文》，现藏承德溥仁寺。

的康熙雪上加霜。因为，漠南蒙古是清王朝统治蒙古族的核心地区，如果漠南蒙古王公贵族都参加了布尔尼的反叛活动，清廷面临的局势是极其严重的。虽然最终清廷取得了平叛的胜利，但蒙古贵族随时会利用国家政权混乱的局势发生反叛活动的举动极大地触痛了康熙帝，因为这直接关系到国家政权的稳固以及大一统目标的实现。为了及时调整对蒙民族政策，清廷镇压布尔尼之后，迅速采取了种种措施，进一步削弱察哈尔蒙古的势力。还利用塞外巡边政策拉近和联络同蒙古贵族的感情，平定三藩之乱同年即康熙二十年（公元1681年）建立木兰围场，位置就选在锡林郭勒盟、昭乌达盟、察哈尔盟和索图盟之间，把塞外北巡和到木兰围场行围有机地结合起来，达到"鉴射车，查民瘼，备边防，合内外之心，成巩固之业"[1]的目的。直白地说，对于入关后失衡的蒙古贵族的心理，康熙帝非常了解，他需要找到一种方法，尽快地建立沟通机制。木兰围场坐落在四盟之间，不偏不倚，直线距离相当，皇帝放下身段亲自赶赴蒙古族的牧马场，与蒙古贵族把酒言欢，观戏赏舞，通过这一系列联谊措施，使清廷与漠南蒙古的关系较之以前更为牢固，清廷在漠南蒙古的统治根本上确立。木兰围场建立以后，康熙每年不定期地到此行围，除了吸引漠南各部王公贵族以外，漠北蒙古、漠西蒙古的部分王公贵族也都陆续参与进来。清廷对他们情况的掌控也越来越多，相互之间也更为了解，清廷对他们的向心力显著增强。如外喀尔喀三部之间发生纷争之时，漠西蒙古准噶尔部首领噶尔丹乘机插手，于康熙二十七年（1688年）向喀尔喀大举进攻。喀尔喀战败后，经哲布尊丹巴呼图克图倡议，举旗投清。清政府积极备战，决定用武力扫平叛乱，康熙二十九年（1690年）康熙皇帝亲自筹划乌兰布通之战，迫使噶尔丹西逃。乌兰布通之战虽然未能全歼叛军，但却极大地震慑了新疆、青海、西藏等漠西蒙古的势力，提高了清政府在边疆各少数民族心目中的威望，更重要的是彻底解决了漠北蒙古问题。正是因为漠南、漠北蒙古问题得到了彻底解决，康熙才有底气发出"帝王治天下，自有本原，不专恃险阻。秦筑长城以来，汉、唐、宋亦常修理，其时岂无边患？明末我太祖统大兵长驱直入，诸路瓦解，皆莫能当。可见守国之道，惟在修德安民。民心悦则邦本得，而边境自固，所谓'众志成城'者是也。如古北、喜峰口一带，朕皆巡阅，概多损坏，今欲修之，兴工劳役，岂能无害百姓？且长城延袤数千里，养兵几何方能分守？蔡元见未及此，其言甚属无益，谕九卿知之"[2]。这是康熙三十年（1691年）五月，古北口总兵官

蔡元上疏请求整修古北口一带残破的长城，康熙皇帝明确回应蔡元时下的上谕。同年六月，康熙皇帝与喀尔喀蒙古首领们于多伦诺尔（今内蒙古）会盟，多伦会盟标志着漠北蒙古纳入了清帝国的版图，从而彻底解决了两千多年来蒙古高原对中原的威胁。他在会盟结束起驾回京之时，内蒙古49旗的首领们跪在路左，喀尔喀蒙古的首领们跪在路右恭送，据《实录》记载，喀尔喀首领们"皆依恋不已伏地流涕"。当晚，康熙对随从大臣说："昔秦兴土石之工修筑长城，我朝施恩于喀尔喀，使之防备朔方，较长城更为坚固"[3]，一语道破康熙招纳怀柔喀尔喀蒙古的根本用意。由此，我们说康熙创新的民族思想正式形成，这主要表现为在民族政策观念方面的创新，即"守国之道，惟在修德安民。民心悦服，则邦本得而边境自固。所谓众志成城者是也"。从此开创了清朝民族事务管理和民族问题处理的新局面。把修德安民、各个民族的民心悦服作为国家之本和边境安定的重要基础，并视为治国之道极力加以实施。这种用人而不是用砖石固边御敌的思想，充分体现出清朝统治者在制定和实施民族政策的理念方面实现了历史性飞跃。从放弃砖石长城转而构筑民心长城破除了2000年的阻隔，使得"中外一家"成为现实。

2　圣心指点，构筑夏宫：践行创新理念

也正是在这种理念的影响下，康熙于四十二年（1742年）开始大手笔地打造清代的夏宫，与他的继任者苦心经营了近一个世纪，作为皇家礼宾之所，发挥民族政策策源地的作用，将塞外小城上升到国家层面：一方面用这种理念指引来制定国家民族政策，许多大政方针都是由这座小城发往全国各地；一方面将此地作为实践基地，以帝王为中心，构筑民族大舞台，各少数民族你方唱罢我登场，将这种创新理念付诸实施。乾隆对乃祖的理念理解尤为到位，"自秦人北筑长城，畏其南下，防之愈严，则隔绝愈甚，不知来之乃所以安之。我朝家法，中外一体，世为臣仆。皇祖辟此避暑山庄，每岁巡幸，俾蒙古未出痘生身者皆得觐见，宴赏锡赉，恩亦深而情亦联，实良法美意，超越千古云"[4]。祖孙二人利用承德得天独厚的地理位置和气候条件，将避暑山庄建成清王朝处理蒙藏事务的策源地。清帝每年花费大量时间在此处理军政要事，因避暑山庄"去京师至近，章奏朝发夕至，综理万机与宫中无异"。这里成为清朝的第二个"政治中心"。

---

① 乾隆《避暑山庄百韵诗碑文》，现藏承德避暑山庄。
② 《承德府志》卷首一。
③ 《清圣祖实录》卷151，康熙三十年五月壬辰，中华书局，1985年。
④ 《热河志》卷20，清高宗《出古北口》。

2.1 康熙为何将这座园林命名为避暑山庄

康熙亲自题写避暑山庄匾额有什么寓意呢？

先看几段古今中外学者的记载。在乾隆时期访问过避暑山庄的朝鲜学者朴趾源把对它的感受写进了《热河日记》中，他说："热河乃长城外荒僻之地，天子何苦而居此塞外荒僻之地乎？名为'避暑'，而实为天子自备边业"。他的学生柳得恭在《滦阳录》中，也对此表达了感叹："窃观热河形势，北压蒙古、右引回回，左通辽沈，南制天下，此康熙皇帝之苦心，而其曰'避暑山庄'者，特讳之也"。

"总之，软硬两手最后都汇集到这一座行宫、这一个山庄里来了，说是避暑，说是休息，意义却又远远不止于此。把复杂的政治目的和军事意义转化为一片幽静闲适的园林，一圈香火缭绕的寺庙，这不能不说是康熙的大本事。然而，眼前又是道道地地的园林和寺庙，道道地地的休息和祈祷，军事和政治，消解得那样烟水葱茏、慈眉善目，如果不是那些石碑提醒，我们甚至连可以疑惑的痕迹也找不到"①。

从中我们不难理解，康熙帝之所以把这座塞外园林亲自命名为避暑山庄，寓意深远：他一改皇家园林诸如北京三山五园的命名方式将园或苑改为山庄。"山"强调这里是真山真水，山区面积占整个园林面积的五分之四，名实相符，"庄"强调的是遵循了朴野自然，不过多人工干预的造园风格。命名的重点是前两个字"避暑"，笔者根据学者的释义将其概括为避三种暑气：政治暑气、军事暑气、自然暑气。

避字表面有躲开和防止两层含义，其实他到这座园林真正能躲开的是自然暑气，另外两种暑气他要用硬的一手和软的一手才能避开。

2.2 软硬两手，恩威并施：康熙的手段

康熙的硬的一手是每年秋天，亲自率领王公大臣、各级官兵一万余人去木兰围场进行大规模的秋狝围猎，实际上是一种声势浩大的军事演习，这既可以使王公大臣们保持住勇猛、强悍的人生风范，又可顺便对北方边境起一个威慑作用。软的一手是与北方边疆的各少数民族建立起一种常来常往的友好关系，他们的首领不必长途进京也有与清廷彼此交谊的机会和场所，而且还为他们准备下各自的宗教场所。

3 运筹帷幄，消融和解：避暑山庄大事件

避暑山庄的建立解决了北方草原文化与中原农耕文化的矛盾冲突，在这里"军事和政治消解得那样烟水葱

茏"。在这里，清廷的最高统治者经常宴赏宾朋，与蒙藏王公把酒言欢；在这里，帝王们一次次地召见使者，陈说着利与害；还是在这里，多少商谈促使卸下兵戎，内外一家。山水交融处、觥筹交错间实现了消融与和解。特别是乾隆时期，他在继承祖父创新民族思想的基础上，制定的民族政策更趋全面，对蒙政策着重点在漠西蒙古上，运用笼络、分封和武力等多重手段解决西北边疆问题。到乾隆时期，面对沙皇俄国对西北边疆的屡屡进犯，乾隆对彻底解决西北准噶尔问题有了明晰的认识，认为"我国家抚有众蒙古，讵准噶尔一部，终外王化，虽庸众有'威之不知畏，惠之不知怀，地不可耕，民不可臣'之言，其然，岂其然哉？"②即位之初，便把平定西北作为国家政策的中心问题来抓，决心完成乃祖乃父未竟之业。在准噶尔内部纷争，局势混乱后，漠西蒙古各部纷纷请求内附，投奔清廷。内附部落接踵而至，其户口多达数万，不仅大大削弱了准噶尔部的势力，而且也使清中央政府较全面掌握了准噶尔部的大量内部情况。乾隆审时度势，根据形势的需要对准噶尔实行了议和和武力平定的政策，果断抓住战机，通过两次用兵，和对战后西北边疆地区的治理规划周详，最终得以克奏全功，完成对西北边疆地区的重新统一，使新疆彻底纳入清廷统一管理体系。

需要指出的是，这些漠西蒙古款关内附的各部首领，从三车凌始，无一例外地都奔赴一个地方，那就是承德避暑山庄，乾隆中后期，在彻底解决蒙古问题后这里成为接见外藩、属国使臣和外国使节的重要场所，见证了一个历史时期的辉煌，谱写了一曲曲民族团结和国家统一的赞歌。

清乾隆十八年（1753 年）三车凌率领杜尔伯特部一万多人东迁归附清朝政府，是这一时期厄鲁特各部人民投附清朝政府人数最多、规模最大的一次壮举。乾隆皇帝极为重视，于第二年召谕三车凌等人到承德避暑山庄觐见。乾隆皇帝在澹泊敬诚殿亲自接见了三车凌等人，还分别册封车凌为亲王，车凌乌巴什为郡王，车凌蒙克为贝勒，连续数日在避暑山庄万树园中举行了盛大的宴会，庆贺三车凌的来归。

乾隆三十六年（1771 年），土尔扈特部首领渥巴锡为摆脱沙俄压迫，率领土尔扈特部众冲破沙俄重重截击，浴血奋战，义无反顾，历时近半年，行程上万里，战胜了难以想象的艰难困苦，承受了极大的民族牺牲，终于实现了东归壮举，胜利返回祖国。当渥巴锡等人到热河觐见时，乾隆帝先在木兰围场伊绵峪召见，后又在避暑山庄澹泊敬诚、四知书屋接见并给茶叶、玉如意、洋表、鼻烟壶等礼物，并在万树园蒙古包内赐宴。

清乾隆四十五年（1780 年）7 月 21 日，六世班禅一

---

① 余秋雨《山居笔记》中的《一个王朝的背影》。
② 乾隆《普宁寺碑文》，现藏于承德普宁寺。

行在皇六子和章嘉国师、尚书永贵的陪同下来到避暑山庄朝觐，乾隆皇帝认为其是"不因招致而出于喇嘛之自愿来京"，是清王朝"吉祥盛世"的象征，给予他们最高规格的接待。当日，班禅等人至避暑山庄的澹泊敬诚殿朝觐乾隆，"献吉祥哈达、无量寿佛"，上丹墀"跪请圣安，上亲扶起"。乾隆用藏语问佛安："长途跋涉，必感辛苦。"班禅答："远叩圣恩，一路平安"。而后，乾隆引班禅至四知书屋殿内，赐坐慰问。乾隆还打破宫中惯例，导引班禅额尔德尼到后宫的宝筏喻、烟波致爽、云山胜地各佛堂瞻拜，又送班禅至岫云门，"赐御用黄盖肩舆"，由章嘉国师等活佛和内务府大臣护送班禅至如意洲，赐茶果桌，出流杯亭门至须弥福寿之庙。六世班禅在北京圆寂后，除了在京设供外，乾隆帝令在承德须弥福寿之庙吉祥法喜和避暑山庄紫浮又建立了两座影堂，将造办处专门制作的三样物品，分成两份，存于两处，以寄哀思。这三样物品分别是六世班禅唐卡、银间镀金班禅像和墨刻填金娑罗树。

公元1793年即乾隆五十八年，英国政府以向乾隆皇帝补祝八十寿辰为名，派出以马戈尔尼为首的使团来华。这是英国政府派出的第一个正式访华使团，是中英关系史上的一件大事。然而，外交接触尚未开始，礼节冲突便已发生。清朝政府要求英国使臣按照各国贡使觐见皇帝的一贯礼仪，行三跪九叩之礼。英使认为这是一种屈辱而坚决拒绝。礼仪之争自天津，经北京，而继续到热河。乾隆皇帝在避暑山庄澹泊敬诚殿接受了英使呈递的国书和礼品清单，并向英王及使臣回赠了礼物。觐见时究竟行的何种礼节中英双方记载不同。英国人说马戈尔尼等人按照觐见英王的礼仪单膝跪地，未曾叩头。和珅的奏折却说，英国使臣等向皇帝行三跪九叩之礼。因双方记载不同，已很难明其真相。但无论当时以何种方式解决这场矛盾冲突，都改变不了礼仪之争对中英首次通使往来所造成的负面影响。

4　政治特性，表里转化：避暑山庄文化特征

避暑山庄外八庙修建于清前期康乾盛世之时。伴随着清王朝建立统一多民族国家的历史进程，以其恢宏的气势出现在距京不过四百里的紫塞承德。不是偶然的现象，有其历史的必然性。这种必然表现为种种文化特征。

4.1　避暑山庄文化的本质特征

概括来说，避暑山庄文化正是在中华民族传统文化的大背景下，在多民族长期交往交融的过程中，在"康乾盛世"的历史时期里，形成的具有自己鲜明特性的一种文化类型。鲜明特性即政治特性是避暑山庄文化的本质属性。这种文化的政治特性又是通过造园艺术、建筑艺术、宗教艺术等多种不同的艺术形式表现出来的。在这里，艺术是政治属性的表现形式，避暑山庄风景幽美的园林和气势雄伟的寺庙，蕴含着明确的政治目的和政治思想，政治的本质被艺术的外衣给包裹起来了。这正是避暑山庄及周围寺庙等区别于其他园苑与寺庙的特点所在，也正是避暑山庄独具吸引力与震撼力的内蕴所在。

4.2　避暑山庄文化的表里转化

舒乙先生在文章中写到："从历史的角度，国家的角度，外八庙的意义和价值，客观地说，要大于避暑山庄本身。我以为，放在今天，一定要把看问题的视角重新界定一下，把外八庙提升到首位上来。"外八庙之所以在晚于避暑山庄十年之后即康熙五十二年（1752年）开始在承德兴建，仍然是清帝怀柔蒙古各部，巩固北部边防的实际需要。修建的这些寺庙都有自己的建筑形式和历史内容，这不同的历史内容中都有自己的小主题，但这些小主题无一不与团结和统一这个大主题紧密地联系在一起，这个大主题就是避暑山庄文化的本质——政治化文化的核心内容。二者与木兰围场密不可分，应该合为一个整体，它们一脉相承，为了一个共同的目的先后修建。第三处是源头，三者合成的整体形象本身，就是一个体现着重大主题和容纳着丰富历史内容的文化篇章。这个重大主题就是作为清朝理藩政策的重要载体，以康乾盛世和承德地域为时空轴线，在空间和时间的坐标上，用传统模式再现了大清帝国的理想图形：皇权驭神权，团结求统一。

表现在文化上，用艺术的手法处理本质和形式的关系。以政治思想、政治化的文化为里，以造园艺术、建筑艺术、宗教艺术为表，通过化表为里、表里合一等手段，来突出表现避暑山庄外八庙的象征纪念意义。

避暑山庄规模宏大，外八庙富丽堂皇，这种风貌特征绝不仅限于园林、寺庙建筑艺术和寺庙宗教活动本身的要求，而是重在表明它们合成的整体形象本身是一代历史的进程，是当代重大事件的经历碑。用这种看似地地道道的园林和寺庙群，艺术化地表明了清朝政府处理边疆民族问题的基本政治态度，反映了国家统一、繁荣富强、民族团结、和睦相处的历史氛围，从而更加艺术地体现了避暑山庄文化的本质属性，恰到好处地协调了避暑山庄文化本质和形式的关系。

用十二座代表边疆和南北方的寺庙环绕在行宫的周围，依群山布置，朝向避暑山庄，是作为历史的见证，是形象的记录，整体规划意在表明：以园林庙宇的形式来概括表达当代最重大的一桩历史事件，即对蒙古地区特别是漠西蒙古的最终统一。

Talking about Chengde Summer Resort Culture

Jiang Xiu-dan

Abstract: Chengde Summer Resort and its outer eight temples were built in the prosperous period of emperor Kangxi and Qianlong period in the early Qing Dynasty. This paper introduces the background and the origin of the name of Summer Resort and Eight Temples with detailed historical data. Here, the supreme rulers of the Qing Dynasty dealt with official affairs, and met with distinguished guests and friends, thus resolving the contradiction and conflict between the northern grassland culture and the central plains farming culture. And the distinctive political characteristics of the Summer Resort and its surrounding temples are also the characteristics that distinguish it from other gardens and temples, which is exactly the connotation of the unique attraction of the Summer Resort.

Key words: Chengde Summer Resort; Outer Eight Temples; historical background; cultural characteristics

作者简介
蒋秀丹 / 承德避暑山庄博物馆馆长

论中国龙旗的历史脉络

肖 方

摘 要: 本文系统地阐述了中国旗帜的产生和作用、古代旗帜的形制、龙旗的典型代表八旗制,将旗帜规范化、制度化、权力化,在中国旗帜史中形成了具有鲜明特征的典型案例,以及龙旗应用中的规制。总结龙旗的历史脉络,复原绘制龙旗原貌,对于传承中国龙文化具有一定的现实意义。

关键词: 中国;旗帜;龙旗

1 人类活动中的标识记忆

太阳,从东方升起,照亮了一片天地,这不是简简单单地为万物提供了光照和温暖,促进生物的生长发育,它还是人类活动的开始;月亮,浮出后点亮了宁静的夜空,这不是轻轻淡淡地记录了月亮的阴晴圆缺,记录了过往的岁月,它还是人类活动息止的信号;潮起潮落,日月星辰规律性地出现,伴随着人类活动节律或生物钟的形成,天地间物体变化是印刻在人类活动记忆中的原始"标识"。

人类对标识的认识和运用远远高于其他生物,人类既学会了与天地相容,与动植物和谐相处,又理顺人与人之间的各种关系,比如,社会中常用的姓氏、辈分关系、家庭成员的称呼,和各种有象征意义的代码符号等,这些统称为"标识"。它在人类活动中的应用十分广泛,早在远古时代,就出现了饰物,如兽皮、兽头、鸟类羽毛,早期人类以这种饰物作为标记,之后出现了图样记录,留传到现今的是纹样,纹样记述着人类早期活动的特征。部落与氏族的出现,促进了图腾的发展,作为种族、宗族的信仰,图腾是人类的保护神和象征。人类活动随着生产力与经济的发展,逐渐出现了汉字、旗帜、牌匾、刻字石碑等用于标记的工具和载体。

随着社会文明不断的进步,人类活动发生变化,"标识"已经成为社会交往不可缺少的一部分,它的应用领域也越来越广,包括人们使用的度量单位、货币等,都是"标识"。长城可以作为中国的标识,胡同可以作为北京的标识。标识无处不在,大到建筑物,小到百姓家中的门牌号,它可以自成体系,具有形象识别功能,可以代表商品的品质,可以代表一个企业的形象,可以影响一个系列的产业链。标识还可以成为一个国家缩写的符号。旗帜是标识的组成部分,在旅游、军事、礼仪、商业等活动中扮演着重要的角色,如图1、图2所示。

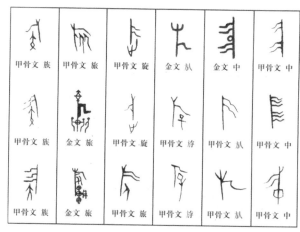

图1 商代与旗帜相关的象形字

图 2　西周至战国时期与旗帜相关的象形字

2　中国旗帜的沿革

旗帜是一种具有特殊意义的标识。中国的旗帜大约起源于原始社会末期，距今有四千年之久。随着人类文明的发展，旗帜的种类、数量日益繁多，旗帜的作用更渐趋增大，而且迸发出无限的精神力量。

旗帜，是旗的通称。古代的旗帜，一般是用竹竿、木棍等来制作旗杆，这些材料可取之于大自然界；而制作旗子所用的布、帛等，早在中国新石器时代的遗址中，即发现有以丝、麻等天然纤维织成的纺织品实物，或留存在陶器上的印痕。这反映出当时已具备了制作旗帜的先决条件。而且在新石器时代人们业已定居。而此时聚落的形成，图腾的出现，也就必然会孕育着旗帜的诞生。因此，中国古代的旗帜，应当出现在处于父系氏族社会发展阶段的新石器时代。这也就是说，早在商代甲骨文问世之前，中国古代最初的旗帜即已产生。所以，商代虽以从字形旗为最原始，但总体来说，商代的旗帜已发展到了比较完善的成熟阶段。

3　古代旗的形制

据古文献记载，黄帝曾"制阵法设五旗五兵"，至于五旗的质地、色泽、图案和式样至今还没有任何实物可以考证。现在能见到的最早的旗帜形象是商周时期的，从旧文字整理中发现在甲骨文、金文、陶文和石鼓文中有一些与旗相关的文字，包括：族、旅、旋、旂、中、事、冲、祈、旗、旃、旛。由于这些文字在构造上具有象形、会意、指事等很强的表意性，所以文字中旗的形象，就成为研究中国最早旗帜的宝贵资料。

根据对古文字以及战国时期青铜器、漆器上旗帜形象的研究得知，我国秦朝以前的旗子主要由称为"干""缘（shān）""旒""斾"的四个部分组成。

干即旗的柄，今天叫旗杆，是张挂旗面用的，多用竹木制成。干的长短高低与旗子主人的身份有关，《尔雅·释天》记载"天子之旐高九仞，诸侯七仞，大夫五仞，士三仞"（仞是当时的长度单位，一仞等于周尺八尺）。干的顶端往往还有山字形装饰物，通常是用铜制成，山字形饰物上一般都有小环用来系牦牛尾、羽毛等物品，旗帜会因此而更加引人注目。系牦牛尾的，被称作干旄；系羽毛的，被称作干旌。

缘就是旗面，是旗的主体。级别高的旗帜，缘用丝织品制成，上面还画有图像。据《周礼·司常》载，秦以前的旗帜主要有9种，级别最高的是天子用的王旗，缘上画日月；其次是诸侯用的旗，上画蛟龙；大夫和士的旗，按官职的不同，上分别画熊、虎、鹰鸟、龟蛇等。也有的缘是用野鸡的长尾编制而成，这种旗的名字叫"旌"。

旒是旗的飘带，旒数量的多少也同旗主的身份有关。王旗用12旒，是最多的；诸侯王如齐桓公、楚庄王等人的旗，则用9旒；而那些士大夫的旗，就只有4旒了，可以系在旗杆上，也可以缀在缘上。

斾是缘的附属物，由又长又大的丝帛制成，但它不必固定在缘上，而是根据需要，或取下或佩接在缘上。据考证，当把斾佩接在缘上时，就表示将要打仗。

虽然旗帜的主要部件均是由干、缘、旒、斾所组成，但这四部分将依据旗帜所标志的不同意义而采用不同的样式、形制和图案。例如：当标识等级时，干的高矮、缘的大小、图案、旒的多少等即可使人对旗主的身份、地位一目了然。按照周代制度，当人们乘车参加重要聚会时，所乘之车都要竖立各自的旗帜，于是，其他人只要远远看见车上飘扬的旗子，就知道是哪一级的官员，甚至是哪位诸侯来临了。

《周礼·春官·司常》中说："凡军事，建旌旗。"《周礼》虽然成书在战国，但其中却记述了不少在它之前的古老的制度，"凡军事，建旌旗"，即其一，这也可以由甲骨文和金文中的"旅"字来证明（图3）。

旅的本意是军旅，商周时代实行的多是车战，而所谓"军事"，是把田猎也包括在内的，因此"旅"字的形象便是车与人与旗帜的合一。旗帜作为标识，那时候

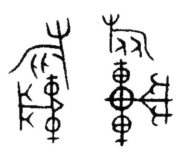

图 3　甲骨文和金文中的"旅"字

主要用于车。

　　关于旗的形制，古文献中有不少记载，但是说法很不统一，如果没有实物来印证，恐怕很难认定谁是谁非。依凭目前能够掌握的实物材料，仅可以为上古时代的旗帜勾画出一个大致的轮廓。

　　概括说来，旗的类别可以粗分为六种，即旟、旐、旆、旌、旄、旟。旟、旐、旆是用帛来做旗的正幅，旌则用鸟羽，旄指旗干首用旄来装饰的旌旗，旟是做成飞鸟形的旗干首。它们各有自己的象征意义，而成为不同的标识。

　　旗的柄，称作杠，也称作竿或干。一个山字形的装饰置于旗竿的顶端，这一装饰，便叫作竿首或干首。干首通常是铜制的，干首中间的一竖如矛锋，两边的短竖如刺，向上弯成浅弧，两个弯弧的下边，各有一个半环形的鼻儿，下边出头的一端，是銎状的榫口，两侧也各有一个半环钮（图4）。榫口，是用来安柄的，銎上的两个小鼻儿，则用来系旄。干首系旄牛尾，便称作干旄，如果系羽毛，便称作干旌（图5）。

　　飘扬着的旟，即知道是哪一位诸侯前来朝见天子了。

　　旟的干首，通常悬铃，即《尔雅·释天》中说到的"有铃曰旟"。西周宣王时期的毛公鼎铭，郑重赐予臣下的器物中列有"朱旟二铃"，西周册命金文说到赏赐功臣的各种礼物，其中也常常列有鸾旟。鸾，即鸾铃，前面提到的铜干首弯弧上的小鼻儿，便是用来悬铃的。

　　旐是军旅致众之旗，《尔雅·释天》中说旐的形制，是狭而长，金文中看到的形象，正是如此。狭而长的旐尾，续接更细更长的一段帛，便是旆（图7、图8），旆于征战的时候建在先驱车上，如果仅仅是展示军容而不宣示开战，则把旆结住，不让它飞扬。

　　旟的干首，通常装饰干旟。疾飞的鸟隼，象征迅猛，因此有号令兵众的意思，干旟便常常与出征、田猎所用的旐合为旗帜，旐旟也因此常常合称，意为出征建旗。

图4　干首

图6　干旟

图5　干旌

图7　旆

　　干首做成飞鸟形，便称作干旟。我国公元前9世纪的山字形器，形制正如干首，而两边的短竖刻镂成一对反身翘首的飞鸟，此器便是干旟（图6）。

　　旟是用帛来作旗面，它专用来作为世族与身份的标志。西周与春秋，田猎、出征，诸侯会盟、朝见天子，凡出行，必乘车，凡乘车，必建旗。看见车上所建之旟，则乘车人的尊卑等级便能够知道得很清楚。《周礼·春官·司常》说"诸侯建旟"，是不错的。《诗经·小雅·采菽》有"君子来朝，言观其旟"之句，便是说远远看见车上

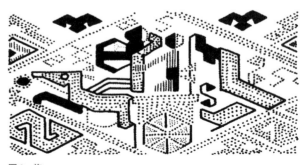

图8　旆

旗的正幅，不用帛，而只用羽毛编缀，便是旌（图9），通常用来指挥。旌的干首，多半装饰干旄，于是称作旄、羽旄或羽毛。旌又称作麾，或称作绥；绥，又分大绥和小绥，而大绥又称作大麾。

田猎时，旌也用作指挥的信号。如果举行射礼，则有获旌。射，即比赛射箭。射礼中的报靶员称作"负侯"，他用"举旌"和"偃旌"即举与落的动作来表示射者中靶或不中靶，此旌，便称作获旌。

旗设在车后，即车栏后边的插旗筒里边。设在车上的旌旗，同帛作的旗一样，也是细而长（图10）。这旗，便是旌，便是羽旌（图11），这飞驰的车，便可以说是"靡旌"的一幅"捕风捉影"。旌用五彩的鸟羽编缀，在风驰电掣的车上高高舒卷，远望便如彩虹一般，古诗文中因此常常用蜺虹来比喻旌旗。不过《诗经·小雅·车攻》中说到的"萧萧马鸣，悠悠旆旌"，才真正是上古时代分外壮观的一幕。从后周代的辂在车后斜插旗帜作为仪仗的形制，开辟了旗帜的先河。

图9　旌

图10　获旌

图11　羽旌

4　明清时期的八旗制

龙旗的典型代表是八旗制。八旗制的出现，是将旗帜与宗族、军队编制、皇权、皇制相联，给龙旗赋予了权力，将旗帜规范化、制度化、权力化，在中国旗帜史中形成了具有鲜明特征的典型案例。

明万历二十九年（1601年），努尔哈赤整顿编制，规定300人为一牛录，5牛录为一甲喇，5甲喇为一固山，分别以牛录额真、甲喇额真、固山额真为首领。初置黄、白、红、蓝4色旗，编成四旗。万历四十三年（1615年）增设镶黄、镶白、镶红、镶蓝4旗，八旗之制确立。满洲（女真）社会实行八旗制度，丁壮战时皆兵，平时皆民，使其军队具有极强的战斗力。

随着努尔哈赤与皇太极征服地域的扩大，降附的蒙古、汉人逐渐增多，将这些人编入原来设立的满洲八旗中，不仅会使各旗的人口过度膨胀，而且民族、兵种不同，也不适于混编。努尔哈赤遂于天命年间始设蒙古旗，至皇太极天聪九年（1635年）编成蒙古八旗。皇太极于天聪五年（1631年）先编一汉军旗，至崇德七年（1642年）完成汉军八旗的编制。至此，满洲、蒙古、汉军各为八旗的制度臻于完善。

（a）正黄旗

（b）正白旗

（c）正红旗

（d）正蓝旗

(e) 镶黄旗　　　　(f) 镶白旗　　　　(g) 镶红旗　　　　(h) 镶蓝旗

5 结语

旗帜，是以人类社会中的一种徽帜而呈现于世的。因此，旗帜最基本的特征，也就是以它所特有的生动而又具体的实物形象来标识其所代表的各类事物，以作为运用于各种场合之中的一种标记。旗帜在人类的历史舞台上，占有举足轻重的重要地位，在人类的社会生活中，它也是不可缺少的必备之物。中国旗帜的发展与演变，以阐述人类文明史的发展历程，是值得研究的。总结龙旗的历史脉络，复原绘制龙旗原貌，对于传承中国龙文化具有一定的现实意义。

Study on Historical Context of China Dragon Flag

Xiao Fang

Abstract: This article systematically described the origin and function of China flag, the shape and characteristics of ancient banner and the application of dragon flag. The Eight Banners system is a representative example of dragon flag, which make the banners to be powerful, standardized and institutionalized signature. We summarized the historical context of dragon flag and drew the original dragon flag, which has a realistic significance for the inheritance of China dragon culture.

Key words: China；Flag；Dragon Flag

作者简介

肖方 /1957 年生 / 男 / 北京人 / 本科 / 北京动物园

综合资讯

1. "剑指苍穹的执着——走进古中山国" 在中国园林博物馆展出

本次展览由中国园林博物馆、河北博物院、河北省文物研究所主办，遴选出233件套古中山国精美文物，其中一级文物11件。从高大巍峨的山形器，到工艺精湛、栩栩如生的错银铜双翼神兽，一件件尘封千年的古老文物，缓缓揭开了存世仅两百一十余年的古中山国的历史、文化、征战之谜，向人们诉说两千年前古中山国曾经辉煌灿烂的故事。展览时间自2018年1月31日至5月6日。

2. "天地生成 造化品汇——避暑山庄·外八庙皇家瑰宝大展"在中国园林博物馆开展

2018年5月16日，"天地生成 造化品汇——避暑山庄·外八庙皇家瑰宝大展"在中国园林博物馆开幕，本次展览由中国园林博物馆、避暑山庄及周围寺庙景区管委会主办，精选了110件（套）精品文物，从避暑山庄与外庙的历史溯源、造园艺术、园林功能和佛教艺术四个部分，以珍贵文物、辅助展品、多媒体等展项，展现多民族融合的特点和文化交流与融合，展示避暑山庄及外八庙精湛的造园艺术特征、多元的文化内涵及其独特的社会历史价值，突出表现其作为中国多民族统一国家形成的重要历史见证的作用。

同期，由中国风景园林学会、中国园林博物馆与避暑山庄博物馆，联合主办了避暑山庄及周围寺庙园林艺术论坛暨"风景园林月"说园沙龙，围绕避暑山庄及周围寺庙园林的历史、造园艺术和文化内涵展开学术研讨和交流。

3. 贵州梵净山申遗成功，成为中国第53项世界遗产

2018年7月2日，联合国教科文组织第42届世界遗产委员会会议上，贵州梵净山被成功列入世界遗产名录，这是中国第53项世界遗产。中国的世界自然遗产数量达到13项，依然居世界第一。

梵净山位于贵州省东北部的铜仁地区境内，是国家级自然保护区、联合国"人与生物圈"保护网成员。它是武陵山脉的主峰，最高峰海拔2572米，展现了独特的地质、生态、生物和景观特征。

4. "湛碧平湖 千峰翠色——四川遂宁金鱼村南宋窖藏瓷器精品展"在中国园林博物馆开展

由中国园林博物馆与遂宁市博物馆共同主办的"湛碧平湖 千峰翠色——四川遂宁金鱼村南宋窖藏瓷器精品展"于2018年7月6日在中国园林博物馆拉开序幕，展出来自金鱼村南宋窖藏100件宋瓷，其中包含一级文物19件。展品种类丰富，器型多样，更有不少孤品、精品亮相，涵盖龙泉窑、景德镇窑、广元窑、定窑等多个窑口出产名瓷。通过"宋瓷·往""窖藏·事""臻萃·色"三个主题，透过如碧如玉的宋瓷，与历史对话，展现宋代文人士大夫通过瓷器表达的自然山水审美观。展览持续至2018年9月9日。

5. "韩国风景园林图片展"暨中韩园林文化交流研讨会在中国园林博物馆开展

2018年7月8日，由中国园林博物馆与韩国国立文化财研究所、驻华韩国文化院共同主办的"韩国风景园林图片展"在园博馆馆室外公共区域亮相。展览开幕当天，园博馆与韩国国立文化财研究所、北京林业大学、中国城市建设研究院等单位的专家，就中、韩两国的传统造园艺术、设计手法及遗产保护等方面进行学术交流，从不同方面对中、韩两国的园林文化、造园特征、遗产保护等方面进行研讨交流。

6. 中国园林博物馆成功获评国家二级博物馆

2018年上半年，中国博物馆协会组织开展了第三批国家二级、三级博物馆评估工作。经过博物馆自评申报，省级博物馆行业组织评定，全国博物馆评估委员会组织专家复核，并报请国家文物局备案。9月18日，中国博物馆协会公布了第三批国家二级、三级博物馆名单，共183家，中国园林博物馆成功获评国家二级博物馆。

7. 中国园林博物馆举办"盆玩雅趣——中国盆景艺术展"暨中国盆景艺术论坛

2018年9月18日，由中国园林博物馆主办的"盆玩雅趣——中国盆景艺术展"在园博馆室内外展区亮相，展览持续至10月14日。依托展览，9月20日中国园林博物馆与中国风景园林学会共同举办了"中国盆景艺术论坛"，就国内外盆景发展的概况、中国盆景的民族特色、盆景传承与创新等论题进行学术报告和交流讨论，既是对中国盆景艺术的一次深入研究和梳理，也对中国传统文化的展示和传播具有深远的意义。

8. 国家森林城市新增27个，全国共达165个

10月15日，2018森林城市建设座谈会在深圳召开。北京市平谷区、河北省秦皇岛市等27个城市被国家林业和草原局授予"国家森林城市"称号。截至目前，国家森林城市已达165个。森林城市建设已成为建设生态文明和美丽中国的生动实践，改善生态环境、增进民生福祉的有效途径，弘扬生态文明理念、普及生态义化知识的重要平台。

9. "多少楼台烟雨中——何镜涵绘画作品展"在中国园林博物馆开幕

2018年10月16日，"多少楼台烟雨中——何镜涵绘画作品展"在中国园林博物馆开幕，以楼阁山水和古装人物两条主线，展出何镜涵先生的60幅经典原作，重点展示了用写意手法描绘亭台楼阁掩映在园林山水之间的盎然意境和古代人物跃然纸上的奕奕神采，向世人展示出自然山水与人文景观高度融合的中国古典园林艺术。展览持续至2019年12月2日。

10. 中国园林博物馆顺利通过国家AAAA级旅游景区评审

2018年10月22日，由北京市和丰台区两级旅游委评定组专家对中国园林博物馆进行了AAAA级旅游景区评审工作，评审采取听汇报、现场实地检查、查阅材料等方式，对照国家标准《旅游景区质量等级划分与评定》（GB/T 1775—2003），从旅游交通、游览、旅游安全、卫生、邮电、旅游购物、综合管理、资源和环境保护八大方面进行考核，中国园林博物馆以优异成绩通过终审。

11. 中国博物馆协会文创产品专业委员会2018年会在中国园林博物馆召开

2018年10月30日，由中国博物馆协会文创产品专业委员会主办，中国园林博物馆承办的中国博物馆协会文创产品专业委员会2018年会在中国园林博物馆召开。全国各地的文博单位齐聚一堂，举办博物馆文创工作研讨交流会，多家与会单位代表围绕博物馆文创产品的定位与开发、实践与探索等进行主题发言，共同为中国博物馆文创行业的发展出谋划策，贡献力量。

12. "尘外千年——定州静志寺、净众院塔基地宫文物展"在中国园林博物馆开展

2018年11月16日，由中国园林博物馆、定州市博物馆联合主办的"尘外千年——定州静志寺、净众院塔基地宫文物展"在中国园林博物馆开幕，精选104件（组）出土文物，其中包含23件一级文物，大部分文物也是首次进京展出与公众见面。从地宫重现、定瓷之美、珍品赏鉴三个部分，对地宫历史、定瓷珍品和供奉器物方面进行了展示，对研究定窑瓷器以及佛教艺术有着重要的参考价值。展览持续至2019年2月24日。

13. 中国园林博物馆成功举办高居翰与止园——中美园林文化交流国际研讨会

2018年12月8日，"高居翰与止园——中美园林文化交流国际研讨会"在中国园林博物馆举行。本次活动由中国园林博物馆和北京林业大学共同主办，邀请多位国内外园林、艺术行业专家学者，围绕止园系列研究展开研讨交流，以止园为媒，深入探索中国古典园林及园林绘画的艺术成就。此次研讨会通过中国园林博物馆行业平台进一步弘扬中国优秀的园林文化，提高中国园林在国际上的影响力，共同推动中美关于园林文化的交流与合作。

14. "哲匠世家　营造经典——京津冀地区园林样式雷图档展"在中国园林博物馆开展

2018年12月14日，由中国园林博物馆和国家图书馆共同策划举办的"哲匠世家 营造经典——京津冀地区园林样式雷图档展"在中国园林博物馆正式开展，展出京津冀地区园林"样式雷"展品35件，其中包括国家图书馆收藏的"样式雷"图档29件（册），金石拓片2件，中国园林博物馆馆藏《清东陵》《清西陵》等展品共4件。从"传奇世家"和"园林典范"两方面展开"样式雷"建筑的前世传奇，第一部分全面系统地解读历代"样式雷"家族的传承历史，第二部分首次全面综合梳理了京津冀地区"样式雷"主持或参与的园林建筑类型，包括皇家、坛庙、陵寝、王府等，还收集展出了大量的园林老照片。展览将持续至2019年3月3日。

图书在版编目(CIP)数据

中国园林博物馆学刊.05 / 中国园林博物馆主编.

--北京 ：中国建材工业出版社，2019.4

ISBN 978-7-5160-2514-7

Ⅰ．①中… Ⅱ．①中… Ⅲ．①园林艺术－博物馆事业

－中国－文集 Ⅳ．①TU986.1-53

中国版本图书馆 CIP 数据核字(2019)第040126号

中国园林博物馆学刊 05

Zhongguo Yuanlin Bowuguan Xuekan 05

中国园林博物馆 主编

出版发行：**中国建材工业出版社**

地　　址：北京市海淀区三里河路1号

邮　　编：100044

经　　销：全国各地新华书店

印　　刷：北京天恒嘉业印刷有限公司

开　　本：889mm×1194mm　1/16

印　　张：8.25

字　　数：300千字

版　　次：2019年4月第1版

印　　次：2019年4月第1次

定　　价：48.00元